农药安全使用知识手册

管 彤 主 编

霍 飞 钱智勇 副主编

天津大学出版社

TIANJIN UNIVERSITY PRESS

图书在版编目(CIP)数据

农药安全使用知识手册 / 管彤主编. —天津：天津大学出版社，2018.8（2021.1重印）
ISBN 978-7-5618-6237-7

Ⅰ.①农⋯ Ⅱ.①管⋯ Ⅲ.①农药施用－安全技术－技术手册 Ⅳ.①S48-62

中国版本图书馆CIP数据核字(2018)第202278号

出版发行	天津大学出版社
地　　址	天津市卫津路92号天津大学内(邮编:300072)
电　　话	发行部:022-27403647
网　　址	publish.tju.edu.cn
印　　刷	廊坊市海涛印刷有限公司
经　　销	全国各地新华书店
开　　本	148mm×210mm
印　　张	3.25
字　　数	100千
版　　次	2018年8月第1版
印　　次	2021年1月第5次
定　　价	26.00元

前　言

农药是现代农业的重要生产资料,对于保证农作物优质、高产具有不可或缺的作用。我国是农业大国,但人均耕地面积远远低于世界平均水平。农业是国民经济的基础,农业生产水平的提高、农业生态环境的保护和农民收入的增长,都与农药行业的发展密切相关。我国农药行业近年有了长足进步,规模大幅增长,质量稳步提高,品种不断增加,为优质高效的农业生产提供了强有力的支撑。长期以来,农药为及时有效地控制病虫害,保证农业可持续发展发挥了积极作用。同时也要注意,化学农药毕竟是一种含有各种毒素的特殊商品,长期大量使用农药对自然环境、人畜安全等构成了较大威胁,也使得我国农产品在国际贸易中受到较大影响。

为了防治病虫草鼠害,人们把各种农药洒入农田、森林、草原和水体,其中直接喷洒在农牧渔作物上的比例是很小的,大部分都进入了大气、土壤和水中,然后主要通过饮食、直接接触和呼吸这三个途径,与人体发生各种各样的接触。根据接触人群的特点,可以将农药接触分为职业性农药接触、饮食接触以及环境接触三种主要类型。职业性农药接触是人在农药研发、生产、加工、运输环节以及通过田间劳动的方式接触农药;饮食接触是指人食用含有残留农药的食品,这是我们每个人都不能避免的;环境接触则是人接触了环境中存在的残留农药。

农药污染会产生严重的负面影响。目前,食品中农药残留超标问题仍然比较突出,对人类健康和国际贸易构成了严重威胁。我国是一个农业大国,也是生产和使用农药的大国之一。近年来,农药残留超标和农药中毒事件时有发生。大量使用化学农药,尤其是普遍采取的开放式施药,也会杀伤有益生物,影响生态平衡,使田间的天敌昆虫、蛙类、鸟类、野生生物等中毒或死亡,从而降低了其对有害生物的控制作用,造成有害生物再度猖獗,形成了恶性循环。人类长期使用化学农药,使有害生物的抗药性急剧上升,防治效果明显下降。农药使用后,由于只有少部分到达农作物虫害部位发挥杀灭作用,绝大部分农药残留在农作物和土壤中,或飘散在空气中,或通过降雨等途径流入地表和渗入地下,污染了水体、土壤、大气和农田。有研究指出,农药喷雾实际附着于农作物上的只有 50% 左右,而作用于害虫、害草的量远低于这个数值。

此外,目前我国的农药生产经营中依然存在许多问题,如总体上生产技术和工艺落后、研发能力薄弱、知识产权问题突出、市场竞争秩序混乱、农药生产和使用造成的环境污染比较严重、农药流通环节缺乏有效监管机制、制售假冒伪劣农药时有发生等。这些都是摆在我们面前的现实难题。

本书旨在通过指导如何正确使用农药,从农药的生产、运输、储存、销售、使用以及危害防护、紧急救治、管理政策等方面,全面、综合、通俗地阐述农药的正确使用方法和管理方针,对涉及农药人群进行健康教育,使我国农药管理、使用和发展不断地向健康化、法制化轨道前进。

目 录

第一章 农药分类

迄今为止,在世界各国注册的农药约 1 500 种,其中常用的有 300 多种。基于生产的实际需要和农药工业的不断发展,农药新品种每年都在增加。目前,我国农药行业已经形成了涵盖科研开发、原药生产和制剂加工、原材料及中间体配套的较为完整的产业体系。

我国已经成为全球较大的农药生产国和出口国。除满足农业生产、卫生防疫等需求,保障粮食安全和食品安全外,农药工业还通过解决就业等途径为国民经济做出了贡献。但同时,农药工业对环境的负面影响也逐步显现。农药"三废"组成复杂,浓度高,毒性大,生物降解困难,含有对生物有抑制作用的物质,治理难度极大。针对农药"三废"的特殊性,国家投入了巨大的人力和物力,对农药工艺技术进行改进,在开发"三废"治理技术和资源回收技术,清洁生产水平上有所提高。但与发达国家相比,我国农药行业的清洁生产依然存在一定差距,还需要从法律、政策、标准、技术等方面约束企业行为,提升清洁生产水平。

1.农药的定义

根据 2017 年 4 月 1 日新颁布的《农药管理条例》,农药是指用于预防、控制危害农业、林业的病、虫、草、鼠和其他有害生物以及有目的地调节植物、昆虫生长的化学合成或者来源于生物、其他天然物质的一种物质或者几种物质的混合物及其制剂。

2.农药的分类

农药的分类方法很多,可以根据农药的来源、加工类型、防治对象、化学成分等进行分类。

按照农药来源可分为矿物源农药、生物源农药和化学合成农药三大类。

(1)矿物源农药,是指由矿物原料加工而成的农药。

(2)生物源农药,是利用天然生物资源(如植物、动物、微生物)开发的农药,又分为植物源农药、动物源农药和微生物源农药。

(3)化学合成农药,是指通过化学反应合成的农药。化学合成农药是全球生产和使用量最大的农药,2015年化学合成农药产量占我国农药总产量的95%以上。因此,我国农药清洁生产的重点是化学合成农药。

按照农药加工类型可分为农药原药和农药制剂。

(1)农药原药是指含量较高的农药。农药原药不可以直接使用,需添加溶剂、表面活性剂等制备成制剂产品才可以使用。农药原药一般包括化学农药原药、生物农药原药。农药原药生产过程较长,原料种类多,副反应和副产品多,废水含盐量高,难降解有机污染物浓度高。因此,农药原药是我国农药工业清洁生产的重点。

(2)农药制剂是指直接施用于农业、林业、仓储、卫生、防疫等的农药。制剂通常由原药加上填充剂、溶剂、展着剂、湿润剂、乳化剂等助剂加工而成。制剂的形态称剂型。市场上常见的剂型有乳油、可湿性粉剂、悬浮剂、水分散粒剂、微乳剂、水乳剂、可溶性液剂、微粒剂等60多种。农药制剂生产过程简单,"三废"产生量小。

根据防治对象分类,有杀虫剂、杀螨剂、杀菌剂、杀线虫剂、除草剂、杀鼠剂、植物生长调节剂等。杀鼠剂是一类可以杀死啮类动物,用于杀灭鼠类的化合物。当前,国内外杀鼠剂约有数十种,但常用者不到10种。大多数杀鼠剂对人、畜都有较强的毒性,特别是速效类杀鼠剂毒性强大、作用迅速,缓效类杀鼠剂潜伏期较长。

根据化学成分分类,有无机农药、有机农药、生物农药等。从结构分类看来,以茶叶中的 48 项农药为例,有机农药可分为六大类,主要以拟除虫菊酯类为主,其次分别为有机氮类、杂环类、有机磷类、有机氯类、氨基甲酸酯类。《食品安全国家标准　食品中农药最大残留限量》(GB 2763—2016)中严格规定了茶叶中 48 项农药的限量要求,分别为六六六、滴滴涕、硫丹、溴氰菊酯、氯氰菊酯和高效氯氰菊酯、氟氯氰菊酯和高效氟氯氰菊酯、氯氟氰菊酯和高效氯氟氰菊酯(异构体总和)、甲氰菊酯、联苯菊酯、氯菊酯、氟氰戊菊酯、杀螟硫磷、乙酰甲胺磷、噻嗪酮、杀螟丹、除虫脲、丁醚脲、吡虫啉、噻虫嗪、氯噻啉、草铵膦、草甘膦、灭多威、苯醚甲环唑、多菌灵、噻螨酮、哒螨灵、喹螨醚、吡蚜酮、虫螨腈、敌百虫、啶虫脒、甲胺磷、甲拌磷、甲基对硫磷、甲基硫环磷、克百威、硫环磷、氯唑磷、灭线磷、内吸磷、氰戊菊酯和 S- 氰戊菊酯、三氯杀螨醇、水胺硫磷、特丁硫磷、辛硫磷、氧乐果、茚虫威。

第二章 农药使用

农药是保证农作物增产的重要生产资料。随着人口数量的增长，耕地资源日益紧张，当前乃至将来很长一段时间内，农药的使用数量都将会不断增加。所以，合理、安全地使用农药是提高农民健康水平的重要手段。

第一节 农药安全使用情况

在我国经济相对发达地区，农民具有一定的农药安全使用意识。大部分农民对农药知识有一定了解，施药时间合理，在配药和施药时会采取相应的防护措施，喷洒农药完毕后能够注意个人清洁，但在农药稀释、器械清洗后废水的处理、农药包装物的处理等方面仍存在一些不科学的地方。据调查，只有大约半数的农户在购药、配药时会看农药标签，半数农户知道安全间隔期，四分之一的农民知道农药"三证"。所以，向农民普及农药安全使用知识十分必要。

第二节　科学、合理使用农药

一、准确诊断是科学、合理使用农药的前提

一旦发生病虫草鼠害,首先要弄清楚发生原因,有条件的可以请各级农技人员进行诊断。比如,病害是由病原菌引起的,还是由于管理不当引起的生理病害,若是由病原菌引起的,应判断是由真菌、病毒还是细菌引起的;害虫是咀嚼式口器还是刺吸式口器等;草害是阔叶杂草还是单子叶杂草占优势,还是混生的;鼠害要弄清哪个鼠种破坏性最强。

二、认真、科学选购对症农药,确保药效

（1）选择正规厂家农药,首先要看名称。根据有关规定,农药标签上只许出现农药通用名称,如吡虫啉、高效氯氰菊酯等,而不允许出现死得快、全杀死、全灭绝等商品名称。

（2）看有无"三证"（即农药生产许可证或者农药生产批准文件、农药标准和农药登记证）。每个农药企业的每个商品化农药产品,在其农药标签上须有"三证"的三个号。"三证"不齐或冒用其他农药产品"三证",或冒用其他厂家"三证",产品属假冒伪劣范围,其行为违法。

（3）看农药使用范围。购买的农药要与自己农作物所需防治病虫一致,不购买与自己需要使用作物或防治病虫不符合的农药。

（4）看生产日期和有效期。只有在有效期内的农药才会有良好的药效,不要购买没有生产日期或已经超过有效期的农药。

（5）看产品外观。合格粉状产品应当为疏松粉末,无结块;颗粒产品应当粗细均匀;乳油或水剂产品应为均相的液体,无沉淀或悬浮物;悬浮剂应当为可流动的悬浮液,长期存放可能存在少量分层现象,但经

摇晃后应当能恢复原状。

（6）看产品标签。合格产品标签印刷清晰工整，内容齐全，包括农药名称、有效成分及含量、剂型、农药登记证号、农药生产许可证号或者农药生产批准证文件号、产品标准号、企业名称及联系方式、生产日期、产品批号、有效期、重量、产品性能、用途、使用方法、注意事项等内容。

三、合理喷施农药

（1）应在病虫害发病初期开始用药，要把病虫危害消灭在点片发生阶段，掌握好最佳用药时期。

（2）喷施农药要掌握合理的浓度、用药量、用水量，不要认为农药越多、浓度越大效果就会越好。一旦发生药害，农药在农产品上残留浓度超标，会造成不必要的损失。

（3）要算经济账，要考虑单位面积的用药量、持效期和价格等多种因素。若每亩每次用药费用低，且药效持续期长，用药次数少，这样就经济合算。所以要细心算账，力争价廉高效。

（4）严格遵守安全间隔期规定（即最后一次施药到作物采收时的天数，也就是收获前禁止使用农药的天数）。在安全间隔期内不能采收农作物。要牢记，农药的合理使用是保证农副产品质量安全的重中之重。

四、合适的施药机械是科学、合理、安全使用农药的重要前提

应根据病虫草鼠害发生特点、特性，合理选用施药机械。如果病虫草鼠害发生面积大，来势迅猛，极易传播，建议选用机动喷雾器，由专业队伍对发生病虫草鼠害的地块和易感作物进行统防统治。如果病虫草鼠害零星发生，尽量选用手动或静电药械。对于防治温室病虫害，选择

用水雾机或烟雾机,对于粉剂要选用喷粉机或制成毒土。不论使用哪种机械,在施药前都要进行必要的检修,避免跑、冒、滴、漏现象发生。

五、科学、合理使用农药也需采用轮换用药、混合用药

一种农药不宜反复多次施用,提倡交替轮换和混合用药。混合用药时,应注意混用的药剂化学性质不发生变化,不能破坏原药的物理性能,混合后药效和安全性不能降低等。混合后使用剂量要合理,以延缓有害生物对药剂产生抗药性,确保防治效果。

第三节　安全使用农药应注意的问题

一、要增强农药安全使用意识,学习农药科技知识

普及科学、合理、安全使用农药的知识,提高技术人员及农民的安全意识和环保意识,是做到安全使用农药的前提。不少农民,也包括为数不少的植保技术人员,他们在使用农药的过程中,安全意识不强,环保意识淡薄,不理解"预防为主,综合防治"的植保工作方针的内涵,把植保工作片面地理解为化学药剂治病、治虫、除草,而忽略了植保工作的实质。植保工作是以防病、防虫、防草为前提,以治虫、治病、除草为宗旨,化学药剂治病、治虫、除草只是我们采取的补救措施。植保工作的"治"是指"综合防治",即采取各种措施,如物理的、生物的防治方法,尽量减少农药的使用量和使用次数,提倡不同类型的农药混配或交替使用,尽量减少化学药剂在粮食、蔬菜、水果以及环境中的残留,减少由化学农药的使用带来的潜在危害,保障人类的身体健康。

二、不用假农药、劣农药、失效的农药

假农药是指标出的农药名称与实际不符的农药,劣农药是指包装内农药的主要指标不符合质量标准的农药,失效的农药是超过有效期的农药。购买和使用农药时必须注意农药的包装。

识别真假优劣农药要注意以下几点。

(1)注意产品登记号。我国已经实行了农药登记制度,经批准登记的农药才允许生产、销售和使用。购买时,应注意看标签上有没有农药登记证号和生产许可证号,没有这两个证号的农药是未经国家许可而生产的,不要购买和使用,以防假冒。

(2)注意产品有效期。我国一般规定农药应具有两年有效期,即出厂的两年内有效成分含量和主要指标符合质量标准。不要购买超过有效期或没有标明有效期的农药。

(3)注意包装的完整性。不要购买包装破损的农药,不要购买标签残缺不全或标注不明确的农药。

另外,还可从农药产品的外观判断其优劣。①可湿性粉剂,若色泽不均,则可能存在质量问题;若有结块,则已受潮,有效成分常发生变化;若有较多颗粒,则细度不合要求。②乳油,若有分层或混浊,可能已变质;若有结晶析出,或有浮油、沉淀物等,说明质量存在问题。③胶悬剂,经摇动后若有结块,则有质量问题。④熏蒸用的片剂,若呈粉末状,说明已失效。

三、农药在储存、运输过程中要注意安全

农药在储存、运输过程中的安全也是不容忽视的。尤其是个别农户在购买少量农药时,与粮食、蔬菜、食品及日用品混放在车上,这是极

不安全的,很容易造成对这些物品的污染。另外,使用后剩余的农药也不能与这些物品混放,而应放在阴凉、干燥,而且儿童拿不到、牲畜碰不到的地方,并且由专人负责管理。如果药量较大,应设专库或专柜储存。

农药的保管主要有两种方式。

1. 仓库保管

仓库保管是农药保管最基本、最重要的保管方式,一般农药的生产、销售企业以及大型农场等均采用仓库保管。其储存量大,储存品种多,储存期比较长。这种储存应遵循以下几点:

（1）保管人员应是经过专业培训,掌握农药基本知识的成年人;

（2）每种产品必须有合适的包装,其包装要符合规定要求及有关包装标准;

（3）农药应储存在凉爽、干燥、通风、避光且坚固的仓库中;

（4）食品、粮食、饲料、种子以及其他与农药无关的物品不应存放在农药仓库中;

（5）储存农药的仓库不允许儿童、动物及无关人员随意进入;

（6）不许在储存农药的仓库中吸烟、喝水、吃东西;

（7）农药应分类储存,且包装上应有完整、牢固、清晰的标签;

（8）仓库的农药要远离火源,并配备灭火装置。

2. 分散保管

分散保管是一种少量、短期的保管形式,一般农户均采用该方式。应注意以下几点:

（1）尽量减少保存量和保存时间,以免积压变质;

（2）应存放在阴凉、通风的专用橱或专用柜中,并关严上锁,以免儿童、动物接触;

（3）不要与食品、饲料靠近或混放，且包装上应有完整、牢固、清晰的标签。

在农药储存过程中还应注意以下几点。

（1）防止分解。存放农药的地方应阴凉、干燥、通风，温度不应超过25℃，更要注意远离火源，以防药剂高温分解。

（2）防止挥发。由于大多数农药具有挥发性，储存农药要采取密封措施，避免挥发降低药效，污染环境，危害人体健康。

（3）防止误用。农药要集中放在一个地方，做好标记。若农药包装破裂，要换好包装，贴上标签，以防误用。

（4）防止失效。粉剂农药要放在干燥处，以防受潮结块而失效。

（5）防止中毒。农药不能与粮油、豆类、种子、蔬菜、食物以及动物的饲料等同室存放，特别注意不要放在孩子可接触的地方。

（6）防止混放。农药要分类储存。按化学成分，农药可分为酸性、碱性、中性三大类。这三类农药要分别存放，距离不要太近，防止农药变质。

（7）防止火灾。不要把农药和易燃易爆物放在一起，如烟熏剂、汽油等，防止引起火灾。

（8）防止冻结。低温要注意防冻，温度保持在1℃以上。防冻的常用办法是覆盖保温。

（9）防止污染环境。对已失效或剩余的少量农药不可在田间地头随便乱倒，更不能倒入池塘、小溪、河流或水井，也不能随意加大浓度后使用，应采取深埋处理，避免污染环境。

（10）防止日晒。用棕色瓶子灌装的农药一般需要避光保存。需避光保存的农药，若长期见光或日晒，就会引起农药分解变质和失效。例如乳剂农药经日晒后，乳化性能变差，药效降低。所以在保管时必须避免光照或日晒。

四、失效农药的辨别

在农业生产中,一旦误用了失效的农药,轻则无防治效果,重则导致作物受害而造成减产甚至绝收。下面介绍几种辨别失效农药的方法。

1. 干性粉剂类

此类农药如外表呈受潮状态,戴胶皮手套手握时能成湿团,则为半失效农药;如结成软块,则全部失效。正常的干性粉剂农药应无吸潮结块现象。

2. 可湿性粉剂类

取少许农药倒在容器内,加入适量的水将其调成糊状,然后再加入少量的清水搅拌均匀,静置后观察。如果是没变质的农药,其悬浮性较好,粉粒的沉淀速度较慢,沉淀物也特别少。反之,则为不同程度失效或变质的农药,应当慎用。

3. 乳剂类

在辨别这类农药时,可先将药瓶用力振荡,静置1小时左右再观察。如果出现了分层现象,则说明农药已经失效。此外,还可以将药瓶放入温热水中,待吸热后观察,如果是未变质的农药,瓶内的沉淀物会慢慢地溶化甚至完全消失;反之,则为失效农药。

另外,若条件允许,还可以用以下几个方法辨别失效农药。

(1)稀释法:取乳剂农药100克,放入玻璃瓶中,加水300毫升。用力振荡,静置半小时。如果药液浓度不均匀,上面有乳油出现,底部有沉淀物,说明此药已失效。乳油越多,药性越差。

(2)漂浮法:取可湿性粉剂农药1克,均匀地洒在200毫升清水面上,如粉剂在 1 分钟内湿润并沉入水则为未失效农药;反之则是失效农药。

五、合理使用高毒或高残留农药

应根据不同农药的毒性及残效期,确定其适用的作物种类、使用量、使用次数、使用方法、最后一次施药距作物收获的安全间隔期及作物上最大残留允许量。一般高毒及高残留农药不能在蔬菜、果树、茶树、中药材、烟草等作物上使用,也不能用于防治害虫。尽量使高毒农药低毒化,如使用高毒农药的低毒剂型等,最好用高效、低毒、低残留农药代替高毒和高残留农药。

六、不要从过多渠道购买农药

有的农民通过乡镇的农药经销零售店买农药,有的农民直接在村级农药零售店买农药,有的农民通过协商结伴到县级批发商购买农药,也有的农民是通过集市地摊或其他零散销售点购买,这样不利于保证农药质量。应该到符合《农药管理条例》规定,持有《农药经营许可证》的正规零售部门购买农药。

七、不要盲目从众选择

大多数农民购买农药时自主选择农药品种的能力不强,从众心理比较严重。有不少的农民购药时听从农药经销人员推荐或按"配方"购买,也有不少农民听从别人建议或仅根据往年的经验来选购农药品种。应根据病虫害的种类去选购农药,而不要盲目从众或仅凭经验购买。

八、不要迷信旧有农药品种

大多农户对多年使用的防治效果较好的旧品种农药依赖性强,对新型无公害农药缺乏信任,不愿购买使用。

九、忌用药量大、施药次数多

大多数农民认为,增加用药量或施药次数防治效果自然就会提高,因此不按说明书要求操作,随意使用农药的现象普遍存在。这导致病虫害防治成本居高不下,更加大了病虫害的抗药性以及农药残留对人畜健康的危害。

十、摒弃不科学的施药方法

由于长期以来形成的习惯,有些农民在施药时只图省时、省力,不按农药特性施用,不按防治指标防治,见虫就打药。甚至在病虫发生期内天天打药,防治次数过多,不考虑农药安全间隔期和农药残留等滥施农药,结果是防治效果差,污染重,甚至产生药害,引起落花、落果,也导致叶菜类农药残留超标,严重时会引起人、畜中毒。

十一、尽量采用先进的施药器械

目前,大多数农户还使用背负式喷雾器,型号老、喷头单一,使用中采用大容量、大雾滴喷雾,造成大量农药流失,而且雾化性差,不能被叶片很好吸收。甚至还有部分农户没有任何喷雾器械,只能在施药季节向他人借用。目前,仅有少数农户使用较新型的机动喷雾器。同时,由于受经济条件限制,农户经常购买廉价的劣质器械,缺乏药械使用、维修及保养知识,甚至只用不修,导致施药过程中的"跑、冒、滴、漏"现象严重。

十二、施药时无防护措施、随意扔放空药瓶、空药袋

不少农民施药时不穿戴防护衣服和口罩，还有部分农民习惯于喷药时吸烟、用手擦汗等，这些不良的习惯极易造成中毒事件的发生。由于缺乏对农药操作规程的认识，大多数农民用完药后，把空药瓶、空药袋随意扔到地边、沟边、水源头、池塘边。部分农药包装中还有残留农药，容易被人、畜、家禽误食。随着雨水的作用，可能会导致人、畜饮水安全受到严重威胁，人们的生产生活环境因此而存在巨大的安全隐患。

第四节　农药施药技术

一、最佳时间

在作物种植过程中，有病虫害发生，就要施用农药。什么时间打药才最有效？不同农作物在不同季节的最佳打药时间是有差别的。实践证明，夏季喷农药，无论是对粮食作物、蔬菜作物、经济作物，还是果树等，在上午 8 至 10 点和下午 5 点前后打药效果最佳。这是为何呢？

上午 9 点左右，一般露水已干，气温还不太高，正是日出性害虫取食、活动、交配最旺盛的时间，故此时用药不会因为药剂被露水冲洗或稀释而降低其药效，也不会因气温高导致药剂分解而影响药效。相反，这时用药反而会增加害虫取食及接触农药的机会，有效提高农药的杀伤力。下午 5 点钟左右，太阳已偏西，此时光线渐弱，夜出性害虫开始活跃（取食、交配等），此时喷药同样有较好的杀灭效果。

应注意，一般中午不宜喷农药。因为此时气温高，太阳光照强，有些害虫怕强光而躲于背光处，甚至停止活动。加之在高温下药性分解快，故药效会降低。同时，中午施药一般药液挥发较快，容易导致人畜

中毒。

而在冬春低温季节,农药施用时间在下午 2：30 至 3：30 为宜。因为冬春季节,大棚内温度低,上午叶片露水退去后,光合作用逐渐进入高峰期,若在上午喷药势必会影响温度的提高,降低光合作用效率,所以上午不宜用药。若中午喷药,由于棚内温度较高,高温容易促进药剂的分解和药物有效成分的挥发,故切忌在晴天中午喷药。另外,农作物在较高温度下生命力会变得旺盛,叶子上气孔开放多而大,如若此时喷药,药剂容易侵入到作物体内,以致受药害的概率大大增加。此外,中午喷药时,药剂的化学活性也会变强,农药的毒性也变大,极易发生施药人员中毒事故。

二、提高药效

1. 观察温度

一般使用细菌农药的适宜温度是 25℃以上。温度低到一定程度,则完全失去杀虫作用。在 25~30℃时使用细菌农药,药效比在 10~15℃时要高出 1~2 倍。因此,温度低于 20℃时最好不使用细菌农药。

2. 观察湿度

环境湿度越大,细菌农药的药效发挥越好。因此,使用细菌农药最好在早晚有露水时进行,以利于菌剂黏附在茎叶上,并促进芽孢繁殖,增加与害虫接触的机会。此外,较湿润的土壤有助于菌剂的吸附,从而提高杀虫效果。

3. 观察阳光

为了减弱阳光中紫外线对细菌芽孢的破坏作用,使用细菌农药最好是在阴天或下午 4 时以后进行。如能在粉状细菌农药中加入粗糖蜜或玉米糖浆,会对过滤紫外线有一定效果。

4. 观察雨水

中到大雨会冲刷喷在植株茎叶上的细菌农药,降低药效。但如果在喷后 5 小时内下毛毛雨,则有增加药效的作用。为保证药效,应在施药后 1 至 2 天内无中到大雨的前提下,选择阴天或微雨天施药。施药后如遇中到大雨,雨后应立即补施,此时杀虫效果最好。

5. 观察风

若在大风天施细菌农药,则浪费多,尤其是粉剂飘失更多。同时,大风天也不利于芽孢的萌发。故应在无风或微风天施细菌农药。

三、药效差的原因

(1)对病情的诊断错误。如将果树早期落叶病误当作蜘蛛危害,将番茄青枯病误当作地下害虫咬根死苗等。

(2)选择农药不对症。

(3)防治虫害时,未在成虫产卵高峰期或幼虫初孵至三龄前施药。

(4)药量控制不当。用药过多或过少都不好,浓度过大易发生药害,浓度过小又达不到防治目的。必须按照农药使用说明并结合实际情况配制,才会获得满意效果。

(5)药品的混合不当。农药有酸性和碱性之分,如混用不当易造成酸碱中和而失效。

(6)喷药未喷到要害部位。如防治棉花红蜘蛛,喷药时一定要将药喷在叶片背面,才能收到最佳效果。

(7)温度、湿度、雨、露、风和光照等气象因素的作用。使用触杀剂农药,最少需要两天内无雨水冲刷,才能较好地发挥药效。

(8)使用的喷施工具有质量问题。质量好的喷雾器既节药又省力,还能提高药效。质量低劣的喷施工具易造成药害,产生损失,甚至造成农民中毒。

四、施药技术

根据作物的形态、发育阶段、病虫杂草危害情况以及气候条件和各种农药的不同剂型等,可以有不同的农药施用方法。现将常用的几种施药技术介绍如下。

1. 喷粉法

喷粉法是利用机械所产生的风力将低浓度或用细土稀释好的农药粉剂吹送到作物和防治对象表面上,一般适用于生长较稠密的植物和叶面多毛作物。要求喷洒均匀,用手指轻摸叶片能看到有药粉沾在手指上为宜。其优点是操作简单,不需用水,对作物不易产生药害;缺点是药粉易被风吹雨冲,污染环境和施药人员本身。

2. 喷雾法

将乳油、乳粉、胶悬剂、可溶性粉剂、水剂和可湿性粉剂等农药制剂,兑一定量水混匀后即成为乳状液、溶液和悬浮液,再用喷雾器喷洒。这种方法简单易行,药液附着力强,药效期长,效果明显。目前,国外多采用小容量喷雾方法。它具有用药量小、用工少、机械动力消耗少、工效高、防治效果和经济效益高的优点,所以得以广泛应用。

3. 毒饵法

毒饵主要是用于防治危害农作物的幼苗并在地面活动的地下害虫,如小地老虎以及家鼠、家蝇等卫生害虫。它是利用害虫喜食的饵料和农药拌合而成,诱其取食,将其毒杀。饵料来源很多,关键是要有香味(如拌香油)或是害虫爱食之物(如白糖、苹果、梨、西瓜等)。染毒谷物就是用粮食拌农药来防治蝼蛄、金针虫等地下害虫。近年来生产的新药,可直接拌种或在土壤中撒施,都能有效地防治一些地下害虫。

4. 种子处理法

种子处理有拌种、浸种、浸渍和闷种四种方法。①拌种法，是用一定量的粉剂或颗粒剂农药与种子拌匀，使种粒表面沾着一层药粉，在播种后药剂就能逐渐发挥防御病菌或害虫的效力。②浸种法，把种子或种苗浸泡在一定浓度的药液中，经过一定的时间使种子或幼苗吸收药剂，以防止被处理种子内外和种苗上带菌，防止苗期虫害。③浸渍法，把需要处理的种子摊在地上，然后把稀释好的药液均匀喷洒在种子上，并不断翻动，使种子全部润湿，盖上席子闷一天后播种。④闷种法，是用杀虫剂和杀菌剂混合后，搅入种子，闷堆 6 小时后播种，可达到既防病又杀虫的效果。

5. 土壤处理法

把药剂撒在土面或绿肥作物上，随后翻耕入土，也可用药剂在植株根部开沟撒施或灌浇以杀死或抑制土壤中的病虫害。

6. 熏蒸法

利用药剂产生有毒气体，在密闭条件下，消灭仓储粮棉中的麦蛾、豆象、谷盗、红铃虫等。在大田里也可利用此法熏蒸害虫。

7. 熏烟法

利用烟剂农药产生的烟来防治虫害和病害。在封闭的小环境中，如仓库、房舍、温室、塑料大棚以及大片森林和果园，熏烟药粒靠气流作用可以扩散到较大范围并沉积在"靶体"的各个部位，防治效果较好。

8. 烟雾法

把农药的油溶液分散为烟雾状态（一般烟雾微粒直径在 0.1~10 微米之间），沉积在"靶体"各个部位杀虫灭菌。微粒是固体的称烟，是液体的称雾。烟是液体微滴中的溶剂蒸发后留下的固体药粒。由于烟雾粒子很小，在空气中悬浮时间较长，沉积分布均匀，防效高于喷雾法和喷粉法。

除以上常用施药方法外,还有以下几种。施粒法,是将颗粒粗大的农药抛撒在地面、水田或土壤中,可用手撒,也可用撒粒机撒,要求均匀、适量;擦抹法,是将农药涂抹在杂草或树木上防治病虫害草;覆膜法,是当苹果等果树坐果时,施一层覆膜药剂,使果面上覆盖一层薄膜,以防病虫害;种子包衣技术,是在种子上包一层杀虫剂或杀菌剂,以保护种子和其后的生长发育不受病虫侵害;挂网法,是把用高浓度农药浸泡的线绳织成网,张挂在要防治的果树上,以防果树害虫;水面漂浮法,是以膨胀珍珠岩为载体,加工成水面漂浮剂(其颗粒大小在 60~100 目之间),主要用于防治水稻螟虫,效果极佳;控制释放施药技术,是在施药过程中利用一定的控制手段减少药量,减少污染,降低农作物的残留和延长药效等,这是 21 世纪施药的主要方法。另外还有飞机施药法等。

总之,农药施用方法要根据农药剂型、农药性质、防治对象和要求条件等选定,以达到最佳防治效果。

第五节 农药使用误区

农药作为重要的生产资料在农业生产中的地位越来越高,农药的使用量也在逐年增加,然而由于一些农户仍有不正确的认识,在农药的使用方面出现了种种误区,主要表现如下。

误区 1:发病初不用药,不见虫不用药

绝大多数病虫害在发病初期,症状很轻,此时用药效果好。等大面积爆发后,用药再多也难以迅速扼制。还有的不分防治对象,见药就用,有的用杀虫剂防治植物病害,有的把杀菌剂用于防治害虫,甚至将

除草剂用来防治病虫,特别是在农药价格高涨的情况下,此类情况尤为严重。这样不问青红皂白,盲目用药,轻则贻误时机,影响效果,重则造成药害,甚至导致农作物减产绝收。

误区 2:随意提高用药浓度或用药量

配置农药时不按比例,不用专门量具,只用瓶盖和其他非标准器皿;或没有数量概念,一般都超过规定浓度,这样不仅造成浪费,而且易发生药害,同时也会增加病虫的抗药性。

有的农户甚至本身就存在着误解,认为农药浓度越高,对病虫的防治效果越好。然而在农药使用中,充足的用水量十分重要。因为虫卵、细菌多集中于叶背面、临近根系的土壤中,施药时用水量少,很难做到整株喷施,死角中的残卵、残菌很容易再次爆发。加大使用浓度还能强化病菌、害虫的耐药性,超过安全浓度有可能发生药害。叶面肥在高浓度使用时,不但不能被作物吸收,还可能使作物体液外渗,造成生理干旱。激素类农药浓度过高时,也可能起反作用或使作物畸形。因此,单纯提高药液浓度,往往适得其反。

植物生长调节剂就属于微量浓度用药,在实际使用过程中药液的有效成分浓度通常是以百万分之几来计算。随意更改浓度,产生的效果往往差距极大。农业生产中,使用植物生长调节剂常见的药害反应,有很多都是不按规定剂量和浓度使用造成的。所以,要严格按照说明书标注的剂量浓度使用植物生长调节剂,避免造成不必要的损失。

还有些农户过量施用农药,用量是常用药量的几倍甚至十几倍,常常造成药害,同时也加快了病虫抗药性的产生。

误区 3:长期使用单一农药品种

农民在农药使用中认定某种农药效果好,往往就长期使用,即使发现了该药对病虫防治效果下降,也不更换品种,而是采取加大用药量的方法,认识不到病虫已经产生抗药性。结果用药量越大,病虫抗药性越高,造成恶性循环。

误区 4:追求速效性

很多农民在选择农药时,总是喜欢选择速效性的,原因是速效性的农药使用后很快表现出效果。尽管有些生物农药效果不错,但由于见效比较慢,在后期才体现出来,而不为农民所认同。如使用杀虫农药时追求速效性,希望喷药后立即杀死害虫。但某些生物农药,由于只是杀死虫卵或抑制昆虫蜕皮或见效慢等,不易表现出效果而被忽视。追求速效性最严重的后果是,某些地方使用剧毒、高毒、高残留农药,生产出的产品农药残留量超标。

误区 5:盲目用药

这是生产中存在的普遍问题。很多农民由于缺乏必要的植保知识,出现病状后不能正确诊断,而是盲目用药,从而贻误防治时机。

误区 6:多种农药混合使用

不少农民用几种杀菌剂与微肥、杀虫剂、病毒剂等混用,不仅影响药效,甚至会产生药害,影响作物生长。

误区 7:害虫天敌一起杀

当害虫较少而天敌较多时,可不喷药;害虫较多,非喷药不可的,尽可能用高效、低毒且对天敌影响不大的农药。而有的农民朋友从来就没有考虑过保护和利用天敌,在治虫的同时也杀死了天敌。

误区 8:防治一次,一劳永逸

杀虫剂、杀菌剂在病虫害发生盛期,防治一次虽能取得明显效果,但随着农药的流失和分解失效及受邻近地块的影响,仍有再次发生的隐患,应间隔 7~15 天连续用药数次,才能达到最佳防效。叶面肥、激素类农药喷施后,植物只能从叶面微量吸收,宜在试用期"少量多次"喷施,才能达到理想效果。切忌防治一次,一劳永逸。

误区9:高毒最有效

优质农药正向高效、低毒、低残留的方向发展,而不少农民错误地认为毒性高效果就好,只认购高毒农药,对低毒而对病虫高效的农药缺乏认识,在使用农药时也不按农药安全标准使用,将禁止在果树、蔬菜及生食作物上使用的农药用于这些作物,结果造成人畜中毒。

第三章　农药使用的安全防护

第一节　农药作业用防护服

农药作业用防护服最主要的功能是给农民提供优质的安全防护，辅助人体适应不同的农药作业环境和农药喷洒方式，防止和消除劳动环境中农药对人体生命安全的威胁，同时保证劳动人员的工作活动和身体舒适。

相关调查资料显示，我国农村农药作业用防护服的使用情况不尽如人意，农民劳动保护意识较薄弱。如果没有合适的农药作业用防护服，农民经常接触有毒、有害的物质，将导致严重的健康问题，并影响社会经济的发展。

针对我国农村居民现阶段的防护状况，应制定相应的安全防护教育方案，定期举办科学使用农药的技术培训，促进农民建立科学的防护观念，采取安全、有效的防护措施，引导农民使用专业的防护设备，增强安全意识。

第二节　安全使用农药的防护要点

（1）弄清病虫害情况，对症选用高效、低毒、低残留的农药。施药前认真阅读该农药的使用说明书。

（2）配药、施药时要穿上长衣、长裤、胶鞋，戴上口罩、手套、宽边帽、塑料围裙，以防药液通过皮肤进入人体。

（3）拌药要用工具搅拌，用多少拌多少，拌过药的种子应尽量用机具播种。如手撒或点种，必须戴手套。剩余的毒种应销毁，不能用作粮食或饲料。

（4）严格按规定剂量和浓度配药，用量筒、量杯、橡皮吸管或天平准确量取药液或药粉，不得任意增加用量，严禁用手拌药。

（5）不要迎风施药，以防药液飞溅到身上和吸入体内。

（6）施药人员最好是体格健壮、工作认真的男子，不要让体弱多病、患皮肤病和农药中毒及其他疾病尚未恢复健康者施药，严禁哺乳期、孕期、经期的妇女和儿童施药。

（7）使用手动喷雾器喷药时应隔行喷，不能左右两边同时喷，要顺风向喷雾。雨天、大风和中午高温时应停止喷雾。药桶内药液不能装得过满，以免晃出桶外，污染施药人员身体。

（8）喷药前应仔细检查药械的开关、接头等处螺丝是否拧紧，以免漏药污染。喷雾过程中发生堵塞时，应用清水冲洗后再排除故障。绝对禁止用嘴吹或吸喷头或滤网。

（9）施药人员在施药期间不得饮酒、吸烟、喝水、吃东西等，不能用手擦嘴、脸、眼睛，绝对不准相互喷射嬉闹。施药人员工作时间不能过长，每天工作不能超过六个小时，连续工作三至五天应休息一天。施药人员若出现头晕、恶心、呕吐等症状,应立即停止工作,及时送医院治疗。

（10）每次喷药结束后,要立即脱去工作服,用肥皂将手、脸和暴露的皮肤充分洗净,并漱口。

（11）工作结束后,要用肥皂洗净所用保护用具,要清洗喷药用具,待干燥后保存好。处理好盛过农药的包装物品,集中处理,不得用于盛粮食、酒、油、水等。

（12）严禁乱倒用剩的药液,严禁随处清洗喷药用具,以防污染饮用水、河流、湖泊、池塘、水渠。

（13）用高毒农药的地方要竖立标志,在一定时间内禁止放牧、采收,以防人畜中毒。高毒农药不允许在蔬菜、果树、茶叶等植物上使用。

（14）施药人员应严格按照农药操作规程施药,施药后的田块应挂牌标示。严禁在安全间隔期内采摘、食用。

（15）农药应存放在阴凉、通风的处所,放置在小孩够不着的地方,不得靠近食品和饲料。农药标签和包装要完好。

（16）施药后的水果蔬菜等,一定要在安全等待期后采食。被农药毒死的家畜和鱼类必须深埋,不得食用或出售。

第四章　农药危害

在相当长的一个时期内，人们对农药的使用主要着眼于对有害生物的防治和提高经济效益，但对于施用后对人类和动植物生存的生态环境可能产生的不良影响未给予足够重视。化学农药的大量使用，一方面杀死了许多无辜的生物，破坏了生态系统的平衡；另一方面又通过食物链的富集和放大作用，给人类和高等动物造成严重的危害。长期使用化学农药，带来了很多的负面影响。第一，致使农业害虫的抗药性越来越强，防治效果大幅下降，甚至无效；第二，不合理地使用化学农药，使得自然界中的大量害虫天敌及无益无害昆虫被摧残，导致主要害虫再度复生，次要害虫泛滥的严重后果；第三，农药对环境的污染日趋严重，特别是对农产品的污染，严重威胁着人们的身体健康，已成为一个世界性的问题。

第一节　农药接触对农业劳动者健康的影响

农药接触或农药暴露一般界定为研究对象与环境中存在的农药发生的接触。对于人体的农药接触来说，其途径包括在农药生产、加工和使用过程中的接触，或与持留在空气、水、土壤、植物等介质上的农药发生的接触。在上述途径中,可经皮肤接触或呼吸作用造成人体体表或体内接触农药,还可通过取食被污染的食物导致人体接触农药,其结果可能导致急性损伤或中毒。但更普遍的是人体长期接触低剂量农药所造成的慢性损伤。

在有农药客观存在的环境中,这种接触是不可避免的,只能通过采用各种防护措施将其尽可能降低,避免造成身体损伤。根据不同人群的特点可以将农药接触分为职业性农药接触、饮食接触以及环境接触三种主要类型。前者是在农药研发、生产、加工、运输环节以及田间劳动时接触农药;后两者则是指食用含有残留农药的食品以及接触了环境中存在的残留农药,因而是所有人群均涉及的。与其他行业相比,农药生产与加工人员遭受的职业性农药接触引发的疾病最为严重。农业劳动者在生产过程中与农药的职业性接触,由于急性症状少、隐蔽性强而长期得不到应有的重视。

田间劳动者的农药接触主要发生在药剂配制、装载、田间用药操作以及再进入施药区从事劳动等过程中。由于劳动中呼吸频率高于正常值,从而可吸入更多悬浮在空气中的携带有农药成分的颗粒。凡粒径小于 7 微米的颗粒均可被人体吸入并进入肺腔;而皮肤直接接触农药雾滴、粉尘等,或接触沉积了农药的植物也是造成劳动者农药接触的另一条主要途径。

第二节 农药对施药农民的危害

从机理上讲,农药对人类健康产生的影响有以下特点:作用对象广泛、剂量稳定、环境复杂等。农药通过食物、接触皮肤、呼吸进入人体后对健康的影响,首先取决于药量的多少,同时还与其在人体内的代谢过程有关。一般农药进入人体后,大都进入血液,随着血液循环进入不同器官,其中仅有少量呈游离态,大部分与血浆蛋白,特别是白蛋白结合,少数与球蛋白结合,从而对人体的神经系统、消化系统、呼吸系统、循环系统、泌尿系统、血液系统和生殖系统造成不同程度的损害。

农药对施药人员的危害之一是导致农药中毒,特别是有机磷农药中毒,占农药中毒事件总量的95%。中毒原因主要是以下几个。

1. 个人防护不良

皮肤污染,以手、足及下肢的污染比较多,背部和上肢次之,胸部的污染机会较少。稻田作业者下肢和足部的皮肤污染比棉田作业者下肢和足部污染的可能性要大。因此,必须加强重点部位的防护。

2. 喷药方法不正确

在操作方法上,应隔行上风侧向喷药。若顺风顶风都喷药,将使药液离散,淋湿衣服并污染皮肤。

3. 药物选择不合理

很多中毒病例使用的都是剧毒农药。在选用农药时,一定要选用对人低毒、对环境低残留、对害虫高效的品种。特别是在高温季节,更要注意农药选用。

4. 药物浓度过高

施药农民使用过高浓度的农药,增加了中毒发生的危险性。此外喷雾器漏水、喷药人选不当、持续数天喷药以及喷药中或工作后未洗手洗脸进食也是中毒的原因。

5. 其他原因导致的农药危害

(1)假农药。部分生产企业为了提高防治效果,擅自在农药产品中非法添加国家禁止或限制使用的高毒农药,农药使用者在不知情的情况下未采取相应的防护措施易造成人畜中毒。

（2）未按标签说明正确使用农药。未按农药使用规程操作,如直接用手进行搅拌、撒施,未穿长衣长裤、戴口罩手套和穿胶靴等,导致药剂接触人体皮肤;在高温天气长时间施用农药等。特别是高毒农药,使用技术和防护措施要求高,如使用者防护措施不到位,易造成人畜中毒。

（3）剩余农药和农药包装容器处理不当。剩余农药应以原包装加锁储存在安全的地方,不能随意乱丢乱放。用过的容器应该妥善处理,不可改作他用,更不能随意丢弃,应当洗净、砸碎后深埋在安全的地方,或者统一交由农药经销商处理。

（4）误服或人为服毒。未按农药储存规定正确存放农药,特别是将农药与外包装相似的饮料等物品放置在一起,极易因为混淆而导致农药误服,如儿童误将农药当作饮料饮用等,后果极其严重。

（5）农药销售中引起的中毒。部分销售人员平时不注意个人防护,经常用手长期接触农药包装物,在饮水、饮食或下班后未及时清洗手脸等与农药接触的部位,或者未按规定实行农药售卖区与生活区分开,农药污染食品导致中毒发生。

（6）农药残留引起中毒。例如违规在蔬菜、水果上使用了高毒农药;或者刚施用过农药的地块未做任何警示标志,他人在不知情的情况下,接触或食用刚施过药的农产品;或者未严格按照标签标注的安全间隔期规定采收蔬菜、水果等农作物,导致农药残留超标而引发中毒。

第三节　农药的食品安全危害

一、有机氯农药对人体的危害

有机氯农药在我国的使用长达 30 余年,虽然 1983 年开始停止生产有机氯类农药,但它们残留问题仍不容忽视,如 DDT、六六六(已禁止生产和销售)的残留可长达 50 年。有机氯农药挥发性不高,脂溶性强,化学性质稳定,易于在动植物富含脂肪的组织及各类外壳富含脂肪的部分中蓄积。由于化学性质稳定,受日光微生物作用后分解少,在环境中降解慢,在食物中残留性强,属高残留毒农药。人体长期摄入含有有机氯的食物后,可造成急慢性中毒,侵害肝肾及神经系统,对内分泌及生殖系统也有一定的损害。

二、有机磷农药对人体的危害

我国自停止使用有机氯农药以来,有机磷农药成为应用最多的一类农药,尤其蔬菜、水果、茶叶等用量较大。有机磷农药进入人体后主要抑制血液和组织中的乙酰胆碱酯酶的活性,经常摄入微量有机磷农药可引起精神异常、慢性神经炎,对视觉机能、生殖功能和免疫功能有不良影响,还可能有致癌、致畸、致突变等危害。

氨基甲酸酯类农药中毒症状与有机磷农药一致,但相比有机磷农药中毒恢复较快。拟除虫菊酯类农药的毒性较大,有一定的蓄积性,中毒症状表现为神经系统症状和皮肤刺激症状。另外,农药还可以导致皮肤病。如有机磷农药可以通过皮肤吸收而引起慢性全身中毒。若配制、使用、携带时不慎将药液玷污皮肤,可在接触部位引起大小不等的水疱,疱液澄清,疱膜紧张,患者感觉灼烧或灼痒,严重者可伴有头晕、头痛、恶心、乏力、胸闷甚至全身中毒症状。

第四节　农药对环境的危害

　　农药是化学品中毒性较高、降解缓慢的一种物质,其在使用后容易进入地表水、地下水和土壤等并造成污染。过量农药留在农田,继续在农作物生长期间或在下一季农作物生长时被农作物吸收;也可以经地表随灌溉和雨水等流入池塘和水系,被鱼类和水产品吸收,最终危害人类健康。

第五章　农药中毒救治

　　有机磷农药是我国使用范围最广、用量最大的一类杀虫剂，其杀虫效力高，价格相对低廉，农作物残毒小。但是有机磷农药杀虫剂毒性大，人畜中毒后肌体损害进展迅速，死亡率高，其中毒的发生率和病死率均高于其他各类农药。急性有机磷农药中毒是一个世界性的问题，全球每年有数百万急性有机磷农药中毒病例，有30多万人死亡，并且大多数都发生在发展中国家。死亡的主要原因是中毒所致的呼吸衰竭、休克、心肌损害及心搏骤停等。

第一节　自我救助

　　农药中毒应及早进行自救处理，其方法有以下几种。

　　（1）尽快离开中毒现场，跑到上风头的地方后，立即脱去被污染的衣服，用清水反复清洗被污染的头、面、颈和四肢，特别是皮肤皱褶和指甲缝处。

　　（2）对误服农药或溅入口腔并咽下者，应自行洗胃，快速地连续饮入清水，让胃感到膨胀，随即用手指伸入咽喉部刺激催吐，将喝入的清水连同农药一起吐出。

（3）农药直接飞溅到眼部，或不慎用沾有农药的手、毛巾、衣物等擦眼，均可能将药带入眼内，造成眼损伤。农药误入眼内后，应立即用清水彻底清洗眼睛，把进入眼内的农药洗掉。清洗后，眼内须滴入氯霉素或新霉素眼药水以防感染。滴考地松眼药水或涂考地松眼药膏对于消除农药对眼的毒性也有较好的作用。

（4）完成上述处理后，可安静地平躺在通风的地方，并反复进行深呼吸，尽量吸入更多的新鲜空气。

（5）倘若头痛、头晕明显，可用手指按摩自己的两侧太阳穴，或用手指互相按压两侧的内关穴（腕掌面腕部第二横纹上三横指处的两筋中间），这有缓解症状的作用。按此法处理后，如症状仍不见缓解，应尽快去就近医院救治。当然，在做上述自救的同时，就应做好去就近医院救治的准备。

第二节　现场救助

急性有机磷农药中毒的现场急救至关重要，迅速、简单、有效的现场急救，可减少毒物的再吸收，遏制病情的进一步发展，为救治成功提供必要的保障。现场救治应采取以下措施。

（1）毒物由呼吸道或皮肤进入人体时，立即将患者撤离中毒现场，并转至空气新鲜的地方，迅速脱去患者的衣服。

（2）立即用清水或肥皂水彻底清洗毒物污染部位的皮肤、毛发、指甲和眼睛等，清洗液忌用热水，以微温为宜。因为若水温过高，会引起皮肤血管扩张，增加对毒物的吸收，使中毒进一步加重。清洗中毒者时尤其要注意头发、指甲、腋窝这些不容易清洗干净的地方，要反复清洗，直到体表闻不到农药气味为止。

（3）口服中毒者,如神志清醒且能合作,可让中毒患者饮温水 300 ~ 500 毫升,然后自己用手指、压舌板或筷子刺激咽后壁或舌根催吐。如此反复进行,直至胃内容物完全吐出,吐出液澄清、无农药气味为止。

（4）昏迷中毒患者,要保持其呼吸道通畅,头偏向一侧,松开衣领、皮带,清除呼吸道分泌物,防止窒息。一旦发现呼吸心搏骤停,应立即进行心肺复苏术,包括人工呼吸和胸外按压等。

（5）有条件者,可以请乡村医生采取如下处理:轻度中毒者给予阿托品皮下注射,重者给予阿托品静脉注射。

（6）迅速向急救中心呼救,或转送就近医院进一步救治。

第三节　　中毒救治

一、彻底清除毒物

对于急性有机磷农药中毒（AOPP）患者,早期彻底洗胃是阻止毒物继续被吸收的最有效方法,导泻也是救治患者成功的重要措施。及时去除被污染的衣服,清洗皮肤,防止皮肤继续吸收中毒同样重要。中医认为,生大黄味苦、性寒,具有清热解毒、驱逐邪毒、通里攻下的功效,可以荡涤胃肠,促进胃肠蠕动,清除肠内腐败物质和毒素,改善微循环,增加胃肠黏膜血液灌流,缓解其缺血缺氧状态,还可以抑制机体炎性介质,保护多脏器功能。因此,可以采用生大黄对中毒者进行辅助治疗。

二、院前急救

有机磷农药中毒的死亡率较高,大多为急性中毒。当有机磷农药进入人体后,与乙酰酶结合,会促使磷酰化胆碱酯酶的形成,导致胆碱酯酶的水解乙酰胆碱能力丧失。有机磷农药蓄积于患者体内,对中枢神经、胆碱神经产生作用,从而引发中毒症状。根据其中毒程度的不同,可分为轻度中毒、中度中毒和重度中毒三种情况。有机磷农药中毒的病情发展迅速,患者要及时接受抢救。

根据现场条件,尽量在入院前就进行洗胃及综合救治,将医院搬到现场,搬到患者家中,尽早快速切断毒物吸收途径。使患者在第一时间得到有效救治,可最大限度减少患者重要脏器的损害,减少并发症,降低病死率,提高治愈率。

医护人员到达现场后,首先要考虑洗胃措施。利用温开水洗胃,安全性高,对残留毒物的排泄具有促进作用。完成洗胃后,可采用活性炭对残留毒物进行吸附。另外,还需利用解毒剂进行治疗,为患者建立静脉通道,注射阿托品进行治疗,提高抢救成功率。在患者抢救治疗期间,护理人员要随时观察其生命体征,一旦发现异常情况,需及时采取有效处理措施。

三、解毒剂应用

阿托品和肟类复能剂联合治疗仍是目前救治有机磷农药中毒患者较常用的方法。阿托品能缓解有机磷农药中毒引起的症状,临床使用较广。但由于阿托品的治疗用量与中毒量很接近,且个体敏感性差异较大,故在临床实践中普遍感觉较难控制和掌握剂量,主观性和随意性较大,容易发生用量不足或超剂量使用。曾有报道,有机磷农药中毒死亡的患者中有18.8%是阿托品中毒引起的。采用微量泵持续静脉注射阿托品可避免间断静脉给药血药浓度的峰谷现象。

目前,国内推荐使用的肟类复能剂为氯解磷定,因其使用简单(肌肉注射)、安全、高效(是解磷定的1.5倍)、快速而作为首选,肌肉注射1~2分钟即可显效。而静脉注射由于速度慢、半衰期短、排泄快达不到有效血浓度,临床不做常规使用。

四、盐酸戊乙奎醚应用

盐酸戊乙奎醚注射液(长托宁)是新型抗胆碱药物,可用于有机磷农药中毒急救治疗和中毒后期或胆碱酯酶老化后维持阿托品化,它对中枢和外周均有很强的抗胆碱作用,对心率无明显影响,是一种新型、安全、高效、低毒的长效抗胆碱药物。

五、血液灌流

血液灌流抢救重症有机磷农药中毒患者的疗效已得到肯定,可明显清除肌体内有机磷毒物,提高治愈率,且治疗时间越早越好。研究发现,用血液灌流治疗急性中毒 2 小时,患者血液中有机磷浓度可降为 0。由于血液灌流可将胆碱酯酶复活剂及抗胆碱药物一并清除,可能出现胆碱酯酶复活剂及阿托品用量不足等现象,故在血液灌流治疗有机磷农药中毒时,应及时补充和调整药物用量。因经灌流 2 小时后吸附剂接近饱和,血浆清除率显著下降,被吸附的物质开始解吸,故灌流时间一般以 1.5~2.0 小时最佳,不宜过长。血液灌流联合血液透析效果更好,二者对毒物均有较好的清除作用,同时可以维持体内环境的相对稳定,减少多器官功能衰竭现象的发生。实验研究证实,含白蛋白透析液对有机磷的清除大于常规的血液灌流,但价格较高。

六、血必净应用

血必净注射液是以血府逐瘀汤为基础的活血化瘀药物,主要成分为赤芍、川芎、丹参、红花及当归等。血必净注射液具有拮抗炎性介质、改善微循环、保护细胞组织、调节无免疫反应的作用,能减少纤维蛋白原含量,提高超氧化物歧化酶的活性,调节过高或过低的免疫反应。血必净还能减轻危重患者的炎症反应,改善机械通气患者的呼吸力学和动脉血气指标,缩短机械通气时间,能提高有机磷农药中毒救治成功率。另外,联合应用抗生素治疗有显著提高器官功能障碍综合征患者存活率的作用。

七、输血和换血疗法

抢救重症有机磷农药中毒患者可以采取输血措施,但输血对整个病情恢复及乙酰胆碱酯酶恢复无明显促进作用。这是因为血胆碱酯酶变化不能代表交感神经节、运动终板及中枢神经系统灰质中的胆碱酯酶变化情况。患者的病情变化主要与交感神经节、中枢神经系统灰质中的乙酰胆碱酯酶有关。输血和换血可补充血液的胆碱酯酶,但对神经细胞突触前膜的胆碱酯酶活性无明显影响或直接作用,而只有一般支持治疗作用。血液的胆碱酯酶和神经组织的胆碱酯酶可能互补,当输血或换血后在一定时间内血液的胆碱酯酶活性可能明显提高,而神经细胞突触前膜的胆碱酯酶活性无明显改变或仍较低,导致血液的胆碱酯酶不能反映突触前膜的胆碱酯酶水平。还有就是因为输注血液不新鲜导其中乙酰胆碱酯酶活力减弱,放置 10 天的库存血液中的乙酰胆碱酯酶消耗殆尽,故不宜用于重症有机磷农药中毒的治疗。

八、纳洛酮应用

对有机磷农药中毒早期伴呼吸衰竭的患者应用纳洛酮更有利于抢救。体外实验发现,大剂量纳洛酮能明显抑制中性粒细胞释放超氧自由基离子。有机磷农药中毒可使机体产生应激反应及缺氧,垂体前叶释放 β- 内啡肽,故有机磷农药中毒伴呼吸衰竭的患者血浆中 β- 内啡肽含量显著增高。纳洛酮可有效地拮抗由 β- 内啡肽介导、参与的呼吸衰竭、休克等。

九、神经生长因子

个别重度中毒患者可能发生迟发性、多发性神经损害,主要累及肢体末端,造成下肢瘫痪、四肢肌肉萎缩等。这与神经毒性酯酶被抑制并使其老化有关,早期使用神经营养类药物(如胞磷胆碱、脑活素等)可起预防作用。

十、综合性治疗

在有机磷农药的中毒救治中,综合性治疗也起到关键作用。对中间综合征的治疗主要靠对症支持治疗。文献显示,除上述临床常用抢救方法外,综合性护理干预法可大大增加救治成功率。其方法包括与患者及家属进行交流与沟通,注重健康教育与训练指导,消除患者紧张恐惧情绪和孤独心理等。

第六章　农药残留

　　农药在减轻病虫草害对农作物产量的影响的同时,由于不规范使用等问题又给食品安全、生态环境、人体健康和经济发展带来了潜在风险。农药残留物是指残存在环境及生物体内的微量农药,包括农药原体、有毒代谢物、降解物和杂质。食用含有大量高毒、剧毒农药残留的食物,会导致人、畜急性中毒事故。长期食用农药残留超标的农副产品,可能引起人和动物的慢性中毒,导致疾病发生,甚至影响到下一代。

　　目前,我国农药对农产品质量的影响主要是由于农民使用农药不合理,可能导致农药及其代谢物、残留物留存于土壤,并通过富集作用进入生物组织,在食物链中不断传递、迁移。过量施用农药对农产品造成污染的方式有两种:一是农产品表面和内部残留农药及其代谢物,农产品农药超标不合格;二是农作物从空气、土壤和水中吸收农药残留物质,从而导致农药富集而超标。农产品农药残留是国际农产品贸易最重要的技术壁垒,如果不能妥善解决将进一步影响我国农产品在国际市场的竞争力。

第一节　农药残留种类

农药在环境中的残留是指农药施用后至收获期未被分解或大气、土壤、水体等含有不易降解的农药,通过根系、叶面吸收转移而残留于谷物、蔬菜、果品、畜产品、水产品以及土壤和水体中的现象。农药残留问题是随着农药的大量生产和使用而产生的。目前使用的农药,有些在较短时间内可以通过生物降解成为无害物质,而有一些有机氯农药却难以降解,残留性强。农药残留超标,会直接危及人体的神经系统和肝、肾等重要器官,同时残留农药在人体内蓄积超过一定量后,会导致一些慢性疾病,影响人类健康。

蔬菜水果是人们日常生活中必不可少的食物。种植者为了获得较高利润,在种植过程中会采取缩短农产品的生长期、增加产量及减少各类病害影响的措施,因而普遍使用农药,造成产品中农药严重残留的隐患。从使用农药的情况看,蔬菜水果残留的农药主要是杀虫剂、杀螨剂、杀菌剂、除草剂、生物生长调节剂等。

第二节　农药残留及表象

农药的使用在对农业起巨大推动作用的同时,也不可避免地对环境和人体产生了严重的污染及损害。人们长期食用农药残留量过高的蔬菜、水果,一是可能会引起急性食物中毒;二是会导致农药在人体内的蓄积,影响摄入者的身体健康。

蔬菜、水果是百姓餐桌上每天必备的食品,而农药是提高蔬菜和水果产量、防治病虫害的重要手段。一旦蔬菜、水果上残留过量农药,健康隐患也就立刻升级。那么,面对可能被农药污染的蔬菜、水果,我们该如何处理?

一、残留农药危害重重

资料显示,2010 年我国农药年用量已达 80 万 ~100 万吨,其中使用在农作物、果树、花卉等方面的化学农药占 95% 以上。人们进食残留有农药的食物,如果污染较轻、吃入的数量较小时,一般不会出现明显的症状,但可能会有头痛、头晕、无力、恶心、精神差等表现;当农药污染较重、进入体内的农药量较多时,会出现明显的不适,如乏力、呕吐、腹泻、肌颤、心慌等,严重者可能出现全身抽搐、昏迷、心力衰竭,甚至死亡。另外,残留农药还可在人体内蓄积,超过一定量后会导致一些疾病,如男性不育、消化系统功能紊乱等。此外,帕金森病、癌症、心血管疾病和糖尿病也可能与长期接触农药有关。

残留农药还可导致肥胖。农药残留在蔬菜的表面,人们通过食用摄入,进入消化道,再到达胃部等器官。由于农药的组成成分特殊,因此其无法被消化系统直接分解。如果也不能将有毒物质降解的话,经过一系列反应后,脂肪就将毒素包裹起来,形成脂肪团。很多人在突然减肥成功后,会感觉不舒服,原因就是农药被释放出来,重新进入了体内循环。

农药残留会导致免疫力下降。如果普通人短期食用农药残留超标的蔬菜水果,可能会产生头痛、恶心、呕吐、发烧、腹泻、心悸等症状;如果长期食用,会导致人体免疫力下降、造血功能紊乱。尤其是青少年和儿童,毒素在体内大量累积,可能会导致生长发育受阻。

农药残留可能导致细胞癌变。大量摄入农药残留超标的蔬菜水果会诱发细胞的畸形生长,从而导致体内细胞突变。有些农药毒素会干扰内分泌系统,引起体内激素失衡,行为失调,甚至患上癌症。因此,加大对农产品农药含量的严格把关是十分有必要的。

农药残留还易导致胎儿畸形。如果孕妇长期食用带有农药残留的蔬果,毒素会被母体吸收,进而通过胎盘和母乳传给胎儿,造成胎儿的心脏或其他身体部位发育不完整,从而导致胎儿畸形。

二、叶类蔬菜更易"染毒"

为了保护蔬菜,菜农们就用农药来对付害虫。在菜农使用的农药中,有机磷类使用得又比较多。有机磷农药一般有长效和短效两种。目前,短效农药使用较多。喷洒农药后,不同蔬菜吸附的多少是不一样的,叶类蔬菜由于接触农药的面积比较大,所以吸附比较多;而西红柿、茄子等果实类蔬菜,吸附的农药相对少一些。虽然农药吸附多少有区别,但是经过雨水和日照后,农药挥发的时间却差不多。

三、带虫洞的蔬菜靠不住

日常生活中,人们有一种错误的认识,认为如果蔬菜叶子虫洞较多,就是没打过农药,吃这种菜安全。其实,这是靠不住的。因为叶片上的虫洞随着叶片的生长而增大,有很多虫洞只能说明曾经有过虫害,并不表示后来没有施用过农药。那些有虫眼的叶菜,有时农药残留量甚至还比没虫眼的叶菜还高。因为许多不常使用农药的菜农都在害虫危害高峰期打药,甚至有时用药量加倍,用药次数增加,这样的蔬菜更不安全。另外,买蔬菜千万别一味图"漂亮",应尽量买个头、外形较普通的。因为滥用激素、农药的蔬菜的外观通常会有所改变,例如体积过大、颜色怪异等。

四、预防农药残留中毒的方法

防止农药残留中毒需注意3个环节：

（1）购买绿叶蔬菜最好去正规市场；

（2）蔬菜可食部分如果有破损，应立即食用，不要储存，以免破损部分在长时间摆放后发生反应，产生亚硝酸盐等有毒、有害物质；

（3）如果是用蔬果专用的洗涤剂清洗，按照洗涤剂的产品说明书使用即可，如果是用清水清洗，建议洗3遍。

需要提醒的是，在清洗前最好浸泡5分钟。另外，用淘米水清洗蔬菜也可以有效清除残留农药。

第三节　农残的去除

老百姓的一日三餐都离不开蔬菜，可目前一些菜农在种植蔬菜时还有不正确使用农药的现象。在害虫活跃的夏秋季节，个别菜农使用超浓度农药杀虫，甚至将我国禁止使用的甲胺磷、对硫磷、甲拌磷等高毒农药用于蔬菜杀虫，特别是如果在收获期前几天内用药，会使大量蔬菜农药残留严重超标。为降低残留农药的危害，可采用以下方法减除蔬菜水果农药残留。

一、清水浸泡洗涤法

有机磷农药大都是一些磷酸酯或酰胺，这些农药在水中可发生部分水解而成为低毒或无毒的物质。叶类蔬菜（如小白菜、生菜、油菜等）受农药污染的程度较重，应先将此类蔬菜外部的叶片丢弃，再用流动的清水逐片清洗内叶，然后将它们浸泡在放有果蔬清洗剂的水中约5分钟后，再冲洗2~3遍，这样可以去除其表面75%~85%的残留农药。

二、碱水浸泡清洗

在碱性环境下,大多数有机磷杀虫剂可迅速分解,碱水浸泡清洗法是去除蔬菜残留农药的有效方法之一。也可用淘米水或碱水(配置比例大约为在 500 毫升的清水中放入 5~10 克的食用碱)来浸泡果蔬。这两种碱性水可以快速分解大多数的有机磷农药,绝大多数的水果和蔬菜都可以用这两种水来清洗。需要注意的是,用这两种水浸泡果蔬时,浸泡的时间不可超过 5 分钟,以防分解后的农药再次渗入果蔬中。而且,必须在全部完成果蔬的清洗、浸泡工作后才能切割果蔬,以避免残留的农药顺着切面渗透到果蔬内部。

三、清洗削皮法

一般蔬菜表面农药残留量最高,对于黄瓜、茄子、萝卜、西红柿、冬瓜、南瓜、土豆等最好去皮食用。

四、高温处理法

一般化学农药不耐热,高热可使农药快速挥发或分解。因此,对一些其他方法难以处理的蔬菜残留农药可采用高温处理法。因氨基甲酸酯类杀虫剂随着温度升高而加速分解,对芹菜、菠菜、小白菜、豆角等蔬菜可以采用这种方法。将蔬菜在沸水中煮 2~5 分钟,然后用清水冲洗即可。

五、存放氧化法

在蔬菜储存过程中,空气中的氧和蔬菜中的酶等活性物质与残留农药反应,可使农药氧化降解,这样可以减少农药残留量,降低其毒性,但应以蔬菜不发黄变质为前提。易保存蔬菜可储存 15 天以上,经过储存,农药会缓慢地分解为对人体无害的物质。对土豆、洋葱、大白菜等易于保存的蔬菜,可采用这种方法。

六、阳光照射法

阳光照射5分钟,可使蔬菜中的部分农药被分解、破坏。

第四节 农药残留的检测

随着人民生活水平的不断提高,国家、企业和个人对于食品安全越来越重视,农药最大残留限量的要求也越来越严格。其中,农药名称和农药最大残留限量标准项不断增加,检测方法不断更新,涵盖更多的食品这种趋势不会改变。当前,我国政府正在不断加强食品安全(尤其是农产品的食品安全)保障工作,对农产品中的农药残留进行规范检测就是其中的一项重要措施。2016年我国颁布实行了《食品安全国家标准 食品中农药最大残留限量》(GB 2763—2016)。该标准被称为“我国最严谨的农药残留国家标准”。与2014版相比,共增加了46种农药名称、490项农药最大残留限量标准、12项检测方法标准。该标准基本与国际标准接轨。

长久以来,直接检测农药分子的常规农药残留分析方法,存在着样品前处理复杂、仪器设备昂贵、分析时间长等问题。这些方法已不能满足诸如大型农产品批发市场、超市等现场快速检测某些高毒农药的需求,开发特异性强、灵敏度高、方便快捷、结果确定的快速检测新技术迫在眉睫。目前,广泛应用的快速检测新方法有酶联免疫法、酶抑制法、红外光谱法和生物传感器法等。

一、酶抑制法

酶抑制法是一种快速的果蔬农药检测方法。有机磷农药和氨基甲酸酯类农药抑制昆虫中枢和周围的神经系统,阻断神经的正常传导功能。该检测方法利用乙酰胆碱酶与样品发生化学反应,对果蔬上残留的大量农药进行抑制,能在 30 分钟内检测出果蔬中残留的农药。酶抑制法是检测果蔬农药是否超标的重要方法,被广泛应用于果蔬行业中的农药检测,具有操作简单、检测迅速等特点。但该方法自身也存在着一定的局限,检测农药的种类相对有限,主要用于有机磷和氨基甲酸酯类的检测。

二、生物传感器法

随着农药检测技术的不断发展,生物传感器应运而生,该检测方法在果蔬农药检测中具有良好的应用效果。在果蔬农药的检测中,生物传感器主要是利用生物敏感部件转换器的密切配合进行工作。在实际应用过程中,为达到良好的检测效果,检测人员需了解生物传感器对化学物质的影响、生物活性物质中的可逆反应、农药残留量、pH 值和电导等知识。相对于传统的检测方法,生物传感器果蔬农药检测方法具有检测速度快、灵敏度高等特点,且抗干扰能力强,制作成本低,被广泛应用于果蔬农药检测中。随着生物技术的不断发展,生物传感器的稳定性、检测的精准度和使用年限都将逐渐提升,对农药的快速有效检测发挥越来越重要的作用。

三、酶联免疫法

酶联免疫法是免疫技术与现代测试技术的有机融合。在果蔬农药检测中运用该技术,能确保酶标限定量的合理选择,需充分发挥底物的参与功能,充分发挥酶催化底物的重要作用,促进氧化和水解的还原。运用酶联免疫法对果蔬的农药残留进行检测,能辨别农药残留的含量,了解果树上是否存在未知抗原。酶联免疫法具有检测灵敏度高、成本低等特点,对提高农药检测的安全性具有重要作用。但该种检测方法在使用时也具有一定的局限性,只能利用一种试剂检测一种农药,如果果蔬上残留多种农药,将无法检测出来。

目前,我国已研制出农药残留酶联免疫检测试剂盒 6 种,胶体金免疫快速检测试纸 16 种。另外研制出高效快速检测生物毒素的免疫检测试剂盒 13 种和免疫胶体金纸条 5 种,研制出兽药残留酶联免疫检测试剂盒 11 种,其中有些试剂盒已实现产业化,取得了显著的经济效益和社会效益。

四、红外光谱法

红外光谱法是利用无损检测技术对果蔬上的农药残留进行检测,分为近红外光谱法和中红外光谱法两种检测方法。其中,近红外光谱法在实际应用过程中,需对人工配置的农药样品进行检测,不会对检测样品造成破坏。但该检测方法在实施时存在测试灵敏度低和误差大等问题,无法建立合理的检测模型。检测模型建立后,仍需不断进行修正以提高检测的准确性。而中红外光谱法具有多样化的变现形式,在实际使用时,需遵循频率规律。相对于近红外光谱,中红外光谱具有分子振动信号强、信息内容丰富和应用范围广等特点,一般与多种分析仪器联合使用。但在使用中也有一定的缺陷,如自身的图谱相对复杂,解析较困难,无法做好定量分析工作。

五、荧光光谱法

荧光光谱法是在果蔬农药的检测中,利用某些物质对果蔬表面反射的紫外光或可见光,通过对特定的荧光进行观察和分析从而检测农药残留量的方法。由于不同物质的分子结构差异较大,产生的荧光波长也有一定差异,需充分运用这一优势开展检测工作。对同一种分析结构的物质,需运用同一波长的激发光进行照射,发射相同波长荧光,对该物质的浓度和荧光的强度进行检测,对物质进行定量测定分析。荧光光谱法具有灵敏度高和选择性好等特点,可利用两个特征光谱对物质进行鉴别,以提供更多的物理参数,展现出该项检测方法在果蔬农药检测中的优势。但该种检测方法自身具有一定的限制,在农药检测中应用还不是很广,在对农药进行检测时,需与其他方法联用。

六、拉曼光谱法

拉曼光谱法在对农药残留进行检测时,主要是借助分子振动谱实现,通过分子指纹对不同农药进行检测。在检测工作开始前,需获得各种样品的拉曼光谱数据,然后分别测量各种农药拉曼光谱,建立数据库和评判模型。随着科学技术的发展,激光及检测技术取得了巨大的进步,拉曼光谱法正向着低成本和高性能方向发展,被广泛应用于各个领域中。在对果蔬进行检测时,果蔬表面的农药残留情况会通过谱线表现出来,在谱线中出现所测农药的特征谱线,从而反映果蔬上的农药残留量情况。

第五节 解决农药残留的措施

一、合理使用农药

解决农药残留问题,必须从根源上杜绝农药残留污染。我国已经制定并发布了国家标准《农药合理使用准则》。准则中详细规定了各种农药在不同作物上的使用时期、使用方法、使用次数、安全间隔期等技术指标。合理使用农药,不但可以有效地控制病虫草害,而且可以减少农药的使用量,减少浪费,最重要的是可以避免农药残留超标。有关部门应加大宣传力度,加强技术指导,使《农药合理使用准则》真正发挥其应有作用。农药使用者也应积极学习,树立公民道德观念,科学、合理使用农药。

二、加强农药残留监测

通过开展全面、系统的农药残留监测工作,能够及时掌握农产品中农药残留的状况和规律,查找农药残留形成的原因,为政府职能部门制定相应的规章制度和法律法规提供依据。

三、加强法制管理

加强有关法律法规的贯彻执行,加强对违反有关法律法规行为的处罚,是防止农药残留超标的有力保障。

第七章　农药科普

第一节　向农民普及安全使用农药知识

向农民普及安全使用农药知识时应注意以下事项。

（1）要让广大农民知道农药对人有毒性,如果使用不当就会发生中毒;农民应知道常见的中毒原因,中毒有哪些症状和后果,怎样才能预防中毒的发生,知道发生中毒后应该怎么办。

（2）注意农药安全健康教育的科学性。只有确保传授的知识是科学的,才能使农民真正掌握农药中毒防治知识。

（3）农药的品种繁多,毒性复杂,向农民传授防护知识时,应注意通俗易懂、图文并茂。如要求喷药人员"三穿"(穿长衣、长裤、胶鞋)、"四戴"(戴口罩、手套、凉帽、塑料围裙)的同时,可将此内容绘成漫画进行巡回展览,以增强宣传的吸引力和感染力。

（4）做到教训引路。结合中毒典型事例,根据农药中毒的常见原因,介绍安全使用农药的正确方法,融知识性、故事性、趣味性为一体,激发农民的兴趣。

（5）推荐的预防方法应切实可行,尽量做到花钱少、效果好,讲实效。为喷洒农药人员选择个人防护用品时，提倡因地制宜，就地取材。如稻田作业选用塑料薄膜裤腿，棉田作业选用塑料薄膜围裙和护袖等。

（6）教育形式应多样化。可通过讲座、墙报板报、墙头标语、广播、电视、知识竞赛等进行多种形式的安全使用农药知识宣传。

（7）多部门联动，共同科普教育。可调动农业、销售、卫生等部门协调工作，其中卫生部门要认真抓好乡村医务人员关于常见农药中毒急救知识的专题培训，防疫人员要深入村组，宣传普及安全使用农药、做好个人防护的科学知识；农业部门按当地虫害发生情况，掌握好农药的品种、毒性、使用量的宣传工作；供销部门把握好农药的销售点，以确保安全使用农药工作顺利开展。

第二节　　向生产、销售人员普及农药安全生产使用知识

多年来，国内在农药生产安全知识的普及和中毒防治方面做了大量工作，但是仍有不少生产企业屡屡发生农药中毒事件，其根本原因还是农药基本知识普及不够。应从以下方面着手开展工作。

（1）人们往往把了解和掌握农药基本知识和预防农药中毒的工作看作是工厂安全技术科、农业植保人员及卫生防疫医师的事。无疑，这些部门及其工作人员在预防农药中毒工作中起着十分重要的作用，但从某种意义上讲，对有关主管领导、生产工人、储运人员、销售人员和使用人员普及农药知识更重要。他们是农药的直接管理者和接触者，一旦发生事故，生产销售等人员常是直接受害者。只有他们比较好地了解了农药的基本知识，才能真正从思想上重视、组织上保证、行动上落实防治工作。从全国情况看，凡是农药知识普及工作做得好的地区和

部门,预防工作也做得好,农药中毒事故发生也少。

（2）农药知识普及的内容要切合实际,重点普及所接触的农药品种、主要特征、对人畜的主要危害、预防中毒的主要措施及中毒的早期发现等。在实际工作中,有些主管部门的领导只顾生产、不管防护,生产缺乏有效的防护设备;生产工人对自己生产的农药缺乏应有的认识,不能很好地应用生产企业提供的防护设备,搬运工人对搬运的农药甚至一无所知;使用者对所用的农药缺乏其对人、畜危害的基本概念,如有用嘴吸堵塞的喷雾器而中毒的,有食用喷洒尚未到安全期的蔬菜、水果而中毒的。医院急诊室常遇到上述人员中毒后,说不清确切的农药品种,特别是混配农药更不易掌握所含的成分,给抢救工作造成极大困难。

（3）强化农药管理是预防中毒的重要环节。要把农药的有关知识向有关人员普及,使他们牢固树立必须按有关法规或制度进行规范化管理的观念,如农药的包装要有鲜明的标志,运输要有严格的专门设备,进出库有严格的等级,保管有专人负责,与其他物品严格分开,库房要牢固且要上锁,严禁用装盛农药的器皿装食物,及时销毁农药污染过的器皿。现实生活中,有因缺乏管理知识和忽视管理造成中毒的,如有把粉剂农药当成碱面或食盐食用而发生中毒的,有把小瓶装农药当成治病药水服用后中毒的,有把装过农药的容器装食用油或其他食物引起中毒的。凡此种种,都是缺乏农药管理基本知识造成的。

第三节　农药科普目标定位

（1）应大力宣传农产品质量的“无公害”观念。农产品质量的无公害,首先是农产品的质量安全问题。“民以食为天,食以安为先。”食品安全直接关系到人类自身的健康、生存和延续,关系到社会的和谐、稳定。农产品作为食品的有机组成部分,其质量安全取决于农作物在生长发育期间农药的使用情况。要大力宣传推广无公害农产品生产技术,减少化学农药用量和用药次数,降低农药对生态环境和农产品的污染,确保农产品质量安全。农产品的生产者、监督者都应树立强烈的农产品"无公害"观念。

(2)宣传农作物病虫害防控应遵循"预防为主,综合防治"的方针,以农业生态全局为出发点,以预防为主,强调利用自然界对病虫害的抑制因素,达到控制病虫害发生的目的;合理运用各种防治方法,相互协调,取长补短,在综合各种因素的基础上,确定最佳防治方案,利用化学防治方法时,应尽量避免杀伤天敌和污染环境;综合治理的目的不是彻底消灭病虫害,而是把病虫害控制在经济允许水平以下,同时把防治措施提高到安全、经济、简便、有效的水平上。

(3)宣传农药使用应遵循"绿色植保"理念。绿色植保就是把植保工作作为人与自然界和谐系统的重要组成部分,突出其对高产、优质、高效、生态、安全农业的保障和支撑作用。农药使用应遵循"绿色植保"理念,优先使用非化学农药的防治技术,综合运用农业、物理、生物等防治技术。调整植保策略,逐步减少化学农药使用量,全面禁止高毒农药;要提高绿色防控技术的应用和普及,扭转依赖化学农药的局面;要调整种植结构,改善生态环境,综合应用除化学防治以外的多种防治方法,尽量减少化学防治的运用。

(4)大力宣传提倡使用低毒、低残留农药及生物农药,严禁使用高毒、高残留农药。应根据不同作物、不同病虫正确选用高效、低毒、低残留农药,适时、适量、对症用药。提倡交替使用不同作用机理的防治药剂。加强对农药市场的监管,禁止销售和使用高毒禁用农药,普及规范使用农药的知识,大力推广高效、低毒、低残留及生物农药,优化集成农药的轮换使用、交替使用、精准使用和安全使用等配套技术。

（5）大力推进绿色防控技术应用。农作物病虫害绿色防控技术是指采取生态调控、生物防治、物理防治和科学用药等环境友好型措施控制农作物病虫危害的植物保护措施。推进绿色防控是贯彻"预防为主、综合防治"的植保方针,降低农药使用风险,保护生态环境的有效途径。大力推进选用抗病虫作物,优化作物布局,多种作物间套种,人为增强自然控害能力和作物抗病虫能力的生态调控技术;大力推进以虫治虫、以螨治螨、以菌治虫、以菌治菌等生物防治关键措施和白僵菌、苏云金杆菌等有益微生物农药开发应用及稻鸭共生等生物防治技术措施的应用;大力推进应用黄板、蓝板、绿板、昆虫信息素、糖盆诱杀、太阳能杀虫灯、频振式杀虫灯等防治农作物害虫的理化诱控技术。

（6）宣传和加强农药市场监督管理。严厉查处制售假冒伪劣农药行为,严禁假冒伪劣农药进入市场,防止坑农害农行为发生。

第八章　农药管理

　　加强农药安全管理对确保农药的安全有效至关重要。农药的使用效果和安全性中,安全性是首要的。通过市场调节,效果和质量差的农药会被淘汰而退出市场,农药的安全性,尤其对环境生态的影响、对农产品的作用以及对人和动物的慢性毒性不易在短期内觉察到。所以,农药的安全性必须通过政府部门的监管得以保障。我国农药管理也经历了由比较重视效果到效果和安全性管理并重以及进一步向安全性管理侧重的转变过程。农药安全性管理实际上是针对农药的不安全性的,不安全性就是危险性。农药的危险性是客观存在的,但对农药危险性的管理却随管理制度的不同而有不同的规定和要求。这些不同的规定和要求又取决于管理制度涉及的农药接触(暴露)的途径和机会。接触途径和机会越多,管理就越严格,反之就比较宽松。

第一节　加强基层农药监管的具体措施

　　(1)强化监管干部和农药经营者的培训力度,造就一支能管理、会经营的市场监管队伍。充分利用专家指导、能人帮学、集中培训、社会实践等多形式,以农业法律法规、真假农药辨别、高毒限用农药名单为重点,积极开展知识竞赛、技能比武、调研评选、案件评差等活动,实现培训的实用性和实效性,以提高监管干部的监管能力和经营者的服务水平。

(2)建议在试点的基础上推行农药的分类定点经营制度。按照农药产品的分类和地区实际,合理布点,分类实施,增设定点门店,达到每镇设立1个高毒农药定点经营单位、3个低毒限用农药安全经营单位、多个一般农药经营单位的经营格局,完善经营制度,建立执法干部驻店监管机制。并鼓励农药连锁配送体系建设,实现农药的连锁经营,杜绝伪劣,方便群众,加大定点门店对高毒、低毒限用农药的统管力度。

(3)积极开展市场巡查,实现市场监管零死角。以文件的形式明确职责,实行主要领导负总责,分管领导负直接管理责任,一般干部包镇(社区)到门店,实行每月定期依据《农药管理条例》进行巡查的管理机制,发现问题上报执法队,依程序立案查处。

(4)加大行政处罚工作力度,严厉打击一切违法行为。在农业行政处罚过程中,坚持依法依规办事,对一般性农药案件实行分管领导审查,综合性农药案件实行会议决定,特大农药案件实行请示汇报制度。对一般案件可实行说服教育、限期整改,对危害农业生产的重大案件则零容忍,重拳出击,严打严管,并通过媒体曝光,形成震慑力量。

(5)完善农药经营档案管理,实现信息、溯源、质量100%可查、可追、可行。在市场巡查监管过程中,将购进台账、销售记录、处方记载作为市场巡查的重点,进行全程监管,以建立高标准信息查询监管体系,实现市场安全性可查可追,农药安全用药期间可询可控。

(6)强化示范管理,提升示范带动力,促进农药销售行业自律自强。积极开展农药经营诚信门店选评活动,并挂牌宣传,推行诚信门店示范带动机制。在诚信门店严格落实"一牌、一承诺、四制度"。"一牌"即农资监管人员公示牌，"一承诺"即农资诚信经营示范门店服务承诺，"四制度"分别是《农资经营者经营商品质量管理制度》《农资经营进货检查验收制度》《农资经营者购销台账制度》《不合格农资商品退市制度》。将市级诚信门店、县级示范门店、高毒农药定点经营门店捆绑一并抓紧推进，制定《示范门店百分考评办法》进行考核推进，分区域、分类别定期或不定期召开示范门店创建推进会，推行"一带十"的示范引领机制，实现农药市场规范、有序经营。

（7）加强农药监督管理，正确合理使用农药。严格执行国家有关标准和农药使用规范，严禁在蔬菜、水果、茶叶中使用剧毒农药，严格控制农药使用浓度和农药施用后的上市时间。从控制农药污染的源头入手，严格监管农产品的种植和加工等各个环节。

（8）建立农产品准入制度，在蔬菜、水果、茶叶生产基地和城乡集贸市场、超市等，建立农药残留快速检测点。大力提倡使用微生物农药，降低农药残留，保证生态平衡和人类健康。

第二节　加强农药宏观管理的基本对策

一、强化农药管理法律法规知识的宣传培训

主要依据国家有关规定开展宣传培训工作，充分运用报纸、电视、电台、印发宣传资料等多种形式，大力宣传有关农药的法律法规。结合农业产业结构调整、新技术推广、科技三下乡等活动，深入到镇、村进行农药法规和农药的安全合理使用知识宣传。宣传培训不仅要面向广大农药经营者和农药使用者，而且还要面向各级领导和农药管理执法人员，使领导干部了解、重视和支持农药管理工作，使农药经营者增强遵

纪守法的自觉性,使广大群众能够自觉地运用法律武器抵制假冒伪劣农药的生产、经营,形成一种强大的舆论压力和监督力量。

二、保障农药管理工作所需经费

农药监督管理工作是一项经常性的长期工作,在管理工作中要有必要的工作经费才能保证工作的正常开展。一般县级农药管理部门没有农药质量检验检测的设备仪器和资质,每年都要抽取一定量的农药样品送省级农药质检机构进行检测。省级的农药质量检测是收费的,若县级农药管理部门经费不足会影响抽检的数量。另外,经费短缺也严重地制约着农药管理工作的正常开展。

三、加大农药市场监督管理力度

要加大对农药市场的打假力度,不给不法分子可乘之机,执法工作不能以简单的罚款了事。对违法经营的主体不仅要处罚,更重要的是纠正其违法经营行为,对限期整改不力或者是没有整改的要采取更为严厉的处罚措施。同时要加大对农药产品质量的抽查检测力度,对质量检测不合格的农药除了要对经营单位进行处罚外,还应该将不合格农药的生产企业在有关媒体进行公开曝光,并由生产企业所在地的农药管理部门对其进行从严从重处罚,从源头上加以治理。

四、协调各部门综合执法

农药管理工作涉及农药的生产、经营、使用等环节,部门较多,工作量大,任务繁重。虽然《农药管理条例》明确规定了农药管理的执法主体是农业行政主管部门,但仅靠农业行政主管部门很难抓出成效。这就要求工商、质监等部门的协作,相互支持,密切配合,通力合作,形成合力,共同参与规范农药市场,推动农药市场管理和监督工作健康有序地发展。

五、实行农药经营审批制度

凡从事农药经营的单位必须由农药管理部门进行经营资格审查,并对其经营人员进行岗前培训,培训合格后方能持证上岗经营农药。农药经营单位应遵守农药法规、规章并了解相关的农药知识;购进农药时,注意标签内容是否齐全、正确,外观是否规范,尽量从正规厂家进货;同时,对登记内容(主要是农药登记证证号、登记作物、防治对象等)可疑的农药可到县级以上的农药主管部门查询;将所经营的农药商品清单送农药管理部门备案。

六、避免重复管理

比如产品审批、生产企业、经营企业、使用者的资质等,不要设定过多的行政许可事项,要各有侧重,错开管理环节,相辅相成,互相补充。要摒弃部门和行业意识,以国家整体利益为重,做好协调和衔接工作。另外,要避免过多的重复试验,节约资源,减少对试验动物的伤害。

七、尽快与国际标准接轨

我国已是农药大国,农药产量、产品数量、生产企业数量皆为世界之最,且产品部分出口世界各国,所以尽快与国际接轨势在必行。这也是我国由农药大国转变为农药强国的必由之路,不要过分强调国情,阻碍我国农药国际化的进程。

八、完善技术标准,提高测试水平

目前,我国与农药危险性有关的标准尚不完善,农药登记制度要求的物理危险性指标有待进一步明确和完善,危险货物运输新的标准尚未发布。我国对农药危险性的测试技术和方法也有待进一步规范和提高,没有规范的技术标准和测试技术很难实现对农药危险性的有效管理。

第三节　高毒农药管理对策

高毒农药监管是一项长期而艰巨的工作,专业性强,风险大,责任重。因此,要从以下几方面着手,做好农药执法工作。

一、要完善法律法规,健全管理制度

国家要尽快制定出台高毒农药管理的法律法规,为高毒农药管理提供法律政策保障。以健全农药管理法规体系、监管体系和残留标准体系为前提,在修订完善《农药管理条例》的基础上出台"农药管理法",以立法形式明确农药的登记生产、销售、使用和监管等各个环节的责任,做到有法可依、违法可纠,理顺农药管理的关系,健全农药的长效监管机制。

二、加强宣传培训,依法诚信经营

要加强对农药经营人员的宣传培训,通过电视、网络、报纸、举办培训班、发放宣传资料等多种形式对农药经营者进行宣传引导。要制定科学的培训计划和具体的实施方案,对所有的农药经营人员开展全方位的综合培训。要加大相关政策法规的培训力度,特别是要加强岗前培训,经考核合格后方可持证上岗,努力增强从业者守法经营、诚信经营的意识。

三、加强用药指导,科学使用农药

要加强对农业合作社、农产品生产基地的科学用药指导,大力推广绿色防控技术。要加大对群众,特别是种植大户的宣传培训力度,通过举办专题培训班全面提高其科学用药水平。加大对专业合作社、专业化防治组织、无公害农产品生产基地及种植大户的低毒农药财政补贴力度,从政府层面支持和引导群众使用低毒低残留化学农药和生物农药。

四、强化监管手段,打击违规行为

一是健全农业行政执法体系,保障基层执法的人员、设备和经费配备;二是确立必要的行政强制措施,农药监管机构在执法过程中除了可以采取现场检查、查阅资料、扣押产品的手段外,还可以采取查封生产经营场所等强制措施,增强监管机构对不法分子的震慑力度,促进监管工作顺利开展;三是继续加强农药市场检查力度,把日常检查和专项整治结合起来,在用药高峰期增加检查次数,对违规经营使用农药的违法行为和违法商家,要抓成典型案例,严肃处理,绝不姑息;四是督促定点经营单位严格执行定点经营的各项规章制度,农户凭有效证件在定点经营点购买高毒农药,完善进、销货档案,实行高毒农药可追溯制度。对不能严格执行定点制度的单位应立即取消其资格,对被部、省药检所通报的生产经营不合格农药产品的单位实行"黑名单"制度,在辖区范围内向全社会公开通报。

五、加强部门协作,健全监管机制

农药监管机构要积极与工商、公安和质监等有关部门紧密合作,开展经常性的联合检查行动。可以考虑建立各部门之间的信息共享平台,跟踪农药生产、经营的不同环节,遇到违法违规案件,各部门各司其职,形成监管合力,依法进行处理。同时要加强与周边地区农药监管机构的合作,建立区域协查机制,相互配合,联防管理,提升执法效果。建立起一个农业、公安、工商、质监、环保多部门联动和合作的机制,集中力量,统一整顿农药经营秩序,规范农药市场,不断提高管理能力和水平。

第四节　农药生产经营者误导或未告知的责任

据调查,约 60% 的农民主要根据生产经营者的推荐来购买和使用农药。因此,生产经营者是否能够承担社会责任,正确指导农民使用农药,是关系农产品质量安全、人畜及环境安全的重要因素。《产品质量法》《农药管理条例》等相关法律法规规定,农药生产经营者误导使用者或者未正确履行对使用者的告知义务,应承担相应的刑事、行政及民事法律责任。

一、误导使用者或未履行告知义务的具体表现

根据《产品质量法》《农药管理条例》等法律法规的规定,正确履行告知义务,是农药生产经营者的法定职责。

《产品质量法》第二十七条规定了农药生产者的告知义务,即:"产品或者其包装上的标识必须真实,并符合下列要求:

(一)有产品质量检验合格证明;

(二)有中文标明的产品名称、生产厂厂名和厂址;

(三)根据产品的特点和使用要求,需要标明产品规格、等级、所含

主要成分的名称和含量的,用相应中文予以标明;需要事先让消费者知晓的,应当在外包装上标明,或者预先向消费者提供有关资料;

(四)限期使用的产品,应当在显著位置清晰地标明生产日期和安全使用期或者失效日期;

(五)使用不当,容易造成产品本身损坏或者可能危及人身、财产安全的产品,应当有警示标志或者中文警示说明。

裸装的食品和其他根据产品的特点难以附加标识的裸装产品,可以不附加产品标识。"

《农药管理条例》第二十二条规定:"农药包装应当符合国家有关规定,并印制或者贴有标签。国家鼓励农药生产企业使用可回收的农药包装材料。

农药标签应当按照国务院农业主管部门的规定,以中文标注农药的名称、剂型、有效成分及其含量、毒性及其标识、使用范围、使用方法和剂量、使用技术要求和注意事项、生产日期、可追溯电子信息码等内容。

剧毒、高毒农药以及使用技术要求严格的其他农药等限制使用农药的标签还应当标注'限制使用'字样,并注明使用的特别限制和特殊要求。用于食用农产品的农药的标签还应当标注安全间隔期。"

第二十三条规定:"农药生产企业不得擅自改变经核准的农药的标签内容,不得在农药的标签中标注虚假、误导使用者的内容。

农药包装过小,标签不能标注全部内容的,应当同时附具说明书,说明书的内容应当与经核准的标签内容一致。"

《产品质量法》第三十六条规定:"销售者销售的产品的标识应符合本法第二十七条的规定。"

二、误导使用者或未履行告知义务应承担的法律责任

1.刑事责任

《农药管理条例》第四十条规定："县级以上人民政府农业主管部门应当定期调查统计农药生产、销售、使用情况,并及时通报本级人民政府有关部门。

县级以上地方人民政府农业主管部门应当建立农药生产、经营诚信档案并予以公布;发现违法生产、经营农药的行为涉嫌犯罪的,应当依法移送公安机关查处。"

生产、经营产品包装上未附标签、标签残缺不清或者擅自修改标签内容的,依照刑法关于非法经营罪或者危险物品肇事罪的规定,依法追究刑事责任。

(1)非法经营罪。《刑法》第二百二十五条规定:"违反国家规定有下列违法经营行为之一,扰乱市场秩序,情节严重的,处五年以下有期徒刑或者拘役,并处或者单处违法所得一倍以上五倍以下罚金;情节特别严重的,处五年以上有期徒刑,并处违法所得一倍以上五倍以下罚金或者没收财产:

(一)未经许可经营法律、行政法规规定的专营、专卖物品或者其他限制买卖的物品的;

(二)买卖进出口许可证、进出口原产地证明以及其他法律、行政法规规定的经营许可证或者批准文件的;

(三)未经国家有关主管部门批准非法经营证券、期货、保险业务的,或者非法从事资金支付结算业务的;

(四)其他严重扰乱市场秩序的非法经营行为。"

(2)危险物品肇事罪。《刑法》第一百三十六条规定:"违反爆炸

性、易燃性、放射性、毒害性、腐蚀性物品的管理规定,在生产、储存、运输、使用中发生重大事故,造成严重后果的,处三年以下有期徒刑或者拘役;后果特别严重的,处三年以上七年以下有期徒刑。"

2. 行政处罚

根据《农药管理条例》第四十条规定:"生产、经营产品包装上未附标签、标签残缺不清或者擅自修改标签内容的农药产品,尚不够刑事处罚的,由农业行政主管部门给予警告,没收违法所得,可以并处违法所得 3 倍以下的罚款;没有违法所得的,可以并处 3 万元以下的罚款。"

《产品质量法》第五十四条规定:"产品标识不符合本法第二十七条规定的,责令改正;有包装的产品标识不符合本法第二十七条第(四)项、第(五)项规定,情节严重的,责令停止生产、销售,并处违法生产、销售产品货值金额百分之三十以下的罚款;有违法所得的,并处没收违法所得。"

3. 民事责任

生产、经营者从事农药销售行为,与农药使用者之间构成了一种买卖合同关系,生产经营者应当对其售出的农药产品质量承担产品责任义务。

《农药管理条例》第六十四条规定:"生产、经营的农药造成农药使用者人身、财产损害的,农药使用者可以向农药生产企业要求赔偿,也可以向农药经营者要求赔偿。属于农药生产企业责任的,农药经营者赔偿后有权向农药生产企业追偿;属于农药经营者责任的,农药生产企业赔偿后有权向农药经营者追偿。"

总之,使用者因农药生产、经营者误导而造成了财产损失的,应由生产、经营者承担相应的民事赔偿责任。

第五节　禁止和限制使用的农药

一、国家明令禁止使用的农药

国家明令禁止使用的农药包括：六六六、滴滴涕、毒杀芬、二溴氯丙烷、杀虫脒、二溴乙烷、除草醚、艾氏剂、狄氏剂、汞制剂、砷类、铅类、敌枯双、氟乙酰胺、甘氟、毒鼠强、氟乙酸钠、毒鼠硅、甲胺磷、甲基对硫磷、对硫磷、久效磷、磷胺、苯线磷、地虫硫磷、甲基硫环磷、磷化钙、磷化镁、磷化锌、硫线磷、蝇毒磷、治螟磷、特丁硫磷、氯磺隆、福美肿、福美甲肿、胺苯磺隆单剂、甲磺隆单剂、百草枯水剂、胺苯磺隆复配制剂、甲磺隆复配制剂、三氯杀螨醇。

二、在蔬菜、果树、茶叶、中草药材上限制使用的农药

在蔬菜、果树、茶叶、中草药材上限制使用的农药共25种,分别是：甲拌磷、甲基异柳磷、内吸磷、克百威、涕灭威、灭线磷、硫环磷、氯唑磷,水胺硫磷、灭多威、硫丹、溴甲烷、养乐果、三氯杀螨醇、氰戊菊酯、杀扑磷、丁酰肼(比久)、氟虫腈、溴甲烷、氯化苦、毒死蜱、三唑磷、氟苯虫酰胺、磷化铝、2,4—滴2酯。

第九章　微生物农药

　　微生物农药是生物农药的一种，是指微生物及其微生物的代谢产物，和由它加工而成的具有杀虫、杀菌、除草、杀鼠或调节植物生长等活性的物质，包括保护生物活体的助剂、保护剂和增效剂以及模拟某些杀虫毒素和抗生素的人工合成制剂。

　　目前，微生物农药是生物农药产业的主体。与化学农药相比，它有着诸多方面的优点：研发的选择余地大，开发利用途径多；防治病虫效果好，使用时对哺乳动物毒性较低；特异性强，选择性高，对天敌和有益生物安全；多种因素和成分发挥作用，使病虫难以产生抗药性；易于进行大规模工业化生产；生产原料和有效成分属天然产物，在环境中容易降解，不会污染生态环境。但是，微生物农药也具有一些不足之处，如较化学农药见效慢，某些微生物在自然环境中的稳定性相对较差等。

　　微生物农药按照有效成分可以分为活体微生物农药和农用抗生素两大类；按照用途又可分为微生物杀虫剂、微生物杀菌剂、微生物除草剂等。能够用于开发和生产微生物农药的主要是细菌、真菌、病毒。

一、活体微生物杀虫剂

1. 细菌杀虫剂

细菌杀虫剂是用对某些昆虫有致病或致死作用的杀虫细菌及其所含有的活性成分制成的生物杀虫制剂。目前被开发成产品,投入实际使用的主要有苏云金芽孢杆菌、球形芽孢杆菌、金龟子芽孢杆菌和缓死芽孢杆菌等。

2. 真菌杀虫剂

真菌杀虫剂是一种触杀性微生物杀虫剂,目前已发现的杀虫真菌有 100 多个属的 800 多个种。美国于 1890 年率先开始用白僵菌防治麦长蝽,之后日本、巴西、英国等也开始应用白僵菌、黄僵菌等防治农林害虫,并且逐渐把虫生真菌发展为一类微生物杀虫剂。虽然我国对昆虫病原真菌的研究有较长历史,但受到生产技术的制约,目前开发和利用的种类不多。

3. 病毒杀虫剂

病毒杀虫剂在生物杀虫剂中占有重要地位。迄今为止,已经分离到的昆虫病毒有 1 200 多种,其中不少种类具有生物防治的潜力。当前较普遍用于害虫防治的病毒有核型多角体病毒、质型多角体病毒、颗粒体病毒等,主要用于防治桑毛虫、棉铃虫、菜青虫、小菜蛾、斜纹夜蛾等害虫。目前主要选择昆虫病毒中的杆状病毒来制备杀虫剂。

二、活体微生物杀菌剂

1. 细菌杀菌剂

目前用作生物杀菌剂的拮抗细菌主要有:枯草杆菌、放射形土壤杆菌、洋葱球茎病假单胞菌、胡萝卜软腐欧文氏菌、地衣芽孢杆菌、假单孢菌。

2. 真菌杀菌剂

真菌杀菌剂研究和应用比较广泛的是木霉菌和粘帚霉类。目前，我国已有两个木霉菌产品获得农药登记。此外，一些食线虫真菌可用来防治大豆孢囊线虫、根结线虫病害，如淡紫拟青霉用于防治香蕉穿孔线虫病、马铃薯金线虫病。在国外，以色列开发出一种名为 Trichode 的哈茨木霉制剂，能够防治灰霉病、霜霉病等叶部病害；日本山阳公司开发了用于防治烟草白绢病的木霉属菌；W R Grace 公司开发了用于园艺的绿粘帚霉的大隔孢伏革菌被用于森林病害的防治。

三、活体微生物除草剂

应用活体微生物除草剂在短时间内可有效地控制草害，适用于防治农田、草坪及公园中的杂草。按照发展生物除草剂的标准，目前有望作为候选或已开发成功的生物除草剂有 36 种，已经使用并商品化或极具潜力的有 19 种。

目前，世界各国的研究机构相继研究与开发出一系列具有除草潜能的生物有机体。鲁保 1 号是世界上最早被应用于生产实践的生物除草剂之一，是我国山东省农业科学院植物保护研究所于 1963 年在济南从罹病的大豆菟丝子上分离获得的一种专性寄生性病原菌——胶孢炭疽菌菟丝子专化型。在国外，美国、加拿大、意大利、澳大利亚等也都成功研发出活体微生物除草剂。

四、抗生素类农药

农用抗生素是由细菌、真菌和放线菌等微生物在生长代谢过程中所产生的次级代谢产物，此类物质在低微浓度时即可抑制或去除作物的病、虫、草害或调节作物生长发育。农用抗生素的研究开发在美、日等国均已列入国家重点科研规划。日本、前苏联已先后开发了多氧霉素、有效霉素、植霉素、木霉素等品种。

第十章 农药生产管理与控制

我国农药生产企业多达 4 000 余家,其中大部分为中小企业。由于农药品种繁多,生产企业数量多,且大多生产规模小,生产过程中存在的职业病危害隐患也较多。因此,开展农药生产过程中的职业病危害因素研究具有重要意义。通过对农药生产过程可能产生的职业病危害因素进行辨识,分析相应的职业病危害控制措施,可为农药生产职业病危害的预防控制研究提供参考。

在农药使用监管方面,农药一经购买,施药行为基本由使用者完全自主掌握。一般农户使用农药,大体上会遵照销售商的介绍;专业化防治组织、农民合作社及种田大户,一般聘有自己的技术人员,他们会根据田间病虫害情况,凭专业知识和经验选择相应的农药品种。专业化防治服务组织、农产品生产基地等使用农药的过程有记录,而个体农户的使用过程基本无记录,难以监管。

第一节 农药生产过程

农药属精细化工产品,工艺过程复杂,危险、危害物质种类多。目前,我国采用的主要农药加工工艺如下。

1. 粉剂加工工艺

粉剂加工方法主要有直接粉碎法、浸渍法、母粉法。工艺流程如下：原药经过混合器进行混合，与填料经气流粉碎机、旋风分离器后进入混合器内进行混合，搅拌均匀，转入储料罐，最后由分装机进行分装，成品检验合格后入库。

2. 乳油加工工艺

乳油加工为物理过程，将部分溶剂投入复配釜中，将原药按照一定的配方用真空泵打入复配釜中，搅拌一定时间；在搅拌过程中再加入乳化剂、剩余溶剂；混匀后，经化验产品指标符合产品标准后，合格品经灌装机进行灌装，包装后即为成品。

3. 水剂加工工艺

将盛装在密闭容器的原药、助剂、溶剂运至复配车间，利用真空抽进混合釜；按配方将原药助剂、溶剂投入混合釜内，搅拌均匀后停止，等待液体稳定；取样分析合格后，泵送至生产车间高位槽，用管道接入灌装机进行灌装并加盖、贴标、包装，成品检验合格后入库。

第二节　农药生产过程中的有害因素

1. 复配车间

作业人员在混料过程中可能接触到苯、甲苯、二甲苯、乳化剂、甲醇、草甘膦、高效氯氰菊酯、溴氰菊酯、氰戊菊酯以及生产性粉尘等有毒有害物质，在空压机、真空泵及物料运输时存在噪声。

2. 包装车间

灌装工人在灌装生产线各个环节中可能接触苯、甲苯、二甲苯、乳化剂、甲醇、草甘膦、高效氯氰菊酯、溴氰菊酯、氰戊菊酯以及生产性粉尘等,包装工人在包装过程中可能接触到草甘膦、高效氯氰菊酯、溴氰菊酯、氰戊菊酯以及生产性粉尘(成品农药粉剂)等。

3. 化验室

化验员在取样、样品配置分析环节中会接触到各种原药、成品、甲醇、苯等实验用有机溶剂。

第三节　农药用药监管现状

我国的农药使用监管采用了普遍监管与重点监管相结合的模式,分别为农药用前、用中、用后监管。用前监管主要对部分高毒高风险农药的禁限用、销售限定、定点经营、市场监督进行检查;使用中的监管主要对使用产品来源的监管,使用农药品种合法性、合适性、科学性的监管和使用行为的监管;使用后的监管主要是药效调查评估、产品质量检测、药害处理、抗药性监测、风险监控等。

在农药使用监管方面,我国出台了《农药管理条例》《安全用药规定》《农药合理使用准则》《无公害农产品生产规范》等,《农药管理条例》有多项与农药使用监管工作相关的条款,赋予农药使用者相应的法律责任和义务。

《农药管理条例》第三十三条规定:"农药使用者应当遵守国家有关农药安全、合理使用制度,妥善保管农药,并在配药、用药过程中采取必要的防护措施,避免发生农药使用事故。

限制使用农药的经营者应当为农药使用者提供用药指导,并逐步提供统一用药服务。"

第三十五条规定:"农药使用者应当保护环境,保护有益生物和珍稀物种,不得在饮用水水源保护区、河道内丢弃农药、农药包装物或者清洗施药器械。

严禁在饮用水水源保护区内使用农药,严禁使用农药毒鱼、虾、鸟、兽等。"

第四十二条规定,国家建立农药召回制度。农药使用者发现其使用的农药对农业、林业、人畜安全、农产品质量安全、生态环境等有严重危害或者较大风险的,应当立即停止使用,通知经营者,并向所在地农业主管部门报告。

这些法规条款或技术规范要求成为政府农药管理部门安全用药管理的重要依据。

第四节　对农药包装废弃物的治理

农药包装废弃物是指因农业生产产生的不再具有使用价值而被废弃的农药包装物,包括用塑料、纸板、玻璃等材料制作的与农药直接接触的瓶、桶、罐、袋等农药包装物。目前用于农药包装的材料有玻璃、塑料、铝箔,其中塑料瓶占 50%,主要包括 PE(聚乙烯)瓶、PET(聚酯)瓶和多层复合高阻隔瓶。据了解, PE 瓶在水剂、乳油农药包装及叶面肥包装中的使用量很大;PET 瓶气密性佳,耐有机溶剂,可用于甲醛、二甲苯、氮酮等作溶剂的高渗透农药;多层复合高阻隔瓶的基本材料是 PE,中间加有一层黏合剂,克服了单层 PET 瓶易渗水、不耐 DMF(二甲基甲酰胺)的缺点。以上这些都不属于可降解材料,长期存留在环境中会导致土壤受到严重化学污染,有些材料甚至需要上百年的时间才能降解。此外,废弃的农药包装物上残留的不同毒性级别的农药本身也是潜在的危害。尽管国家已出台相关规定,明确农药包装物可作为再生资源再利用,但农药包装废弃物管理尚存在制度模糊、前后脱节等问题。

一般农户处理废弃的农药包装主要有 3 个途径,一是习惯性将农药包装随意丢弃,散落在田间地头、河流山岗,这无疑会对生态环境造成污染,从而影响到农产品质量,给人、畜带来安全隐患;二是将塑料瓶集中起来,卖给废品站,这些装过农药的塑料瓶在没有进行专业处理的情况下,其再生品一旦与人直接接触,将会带来极大的风险;三是少量农户将玻璃瓶、铝箔袋集中起来填埋、焚烧。这几种处理方式都不科学,都存在如下安全隐患。

(1)农药包装废弃物在土壤中形成阻隔层,影响植物根系的生长扩展,阻碍植株对土壤养分和水分的吸收,导致田间作物减产。

(2)农药包装废弃物在耕作土壤中影响农机具的作业质量,进入水体造成沟渠堵塞,破碎的玻璃瓶还可能划伤下地劳作的农民和耕牛,给人畜生命安全带来隐患。

(3)农药包装废弃物内残存的农药对环境造成污染。一些农药包装废弃物都残存有农药,这些农药随包装物随机移动,对土壤、地表水、地下水和农产品等造成直接污染,并进一步进入生物链,对环境和人类健康都具有长期的和潜在的危害。

针对以上问题,我们主要采取以下治理对策。

(1)制定我国农药包装废弃物监督管理的法规和规章。在深入调研的基础上,制定符合我国国情且行之有效的法律法规,使农药生产者、经营者和使用者有章可循,切实把农药废弃物的处理纳入法制化轨道。

(2)要建立生产企业处置农药包装废弃物的激励机制,即政府采取相应的经济补偿或政策措施,鼓励农药生产或经营企业科学处置农药包装废弃物。鼓励生产企业对农药废弃物进行回收,集中处理,是减少农药包装废弃物产生的有效措施。

（3）加大宣传和培训力度,提高农民的防范意识。利用各种新闻媒体,采取各种形式,广泛宣传农药废弃物处理的重要性,引起各级政府的重视。同时,增强对农药生产经营和使用者的培训,强化他们对农药废弃物处理的意识,提高处理的科学化水平。

（4）采取有效措施,积极处理现有农药废弃物。采取政府引导、财政补贴、农业部门领导执行、发动群众、商业运作等措施,积极处理现有农药包装废弃物,是减少农药污染压力的重要措施。

（5）采用先进的处理工艺,科学处理农药包装废弃物。农药废弃物的工业化处理涉及处理设施、处理工艺和处理后产生气体的再污染等一系列问题。因此,需要开展这方面的深入研究,除了引进先进的处理工艺以外,还要研究符合中国实际的工业化处理技术,避免在处理农药废弃物过程中产生再次污染。

（6）建立有效管理机制。一是以村组为单位,建立若干农药包装废弃物的"回收站",协助农民统一回收使用过的农药包装废弃物,以解决农药包装物被随便丢弃的问题;与废品收购站结合,回收农药包装废弃物,交有关部门统一处理,或回收再利用。二是鼓励农民主动回收农资垃圾。村委会在与家庭经营户签订承包合同时,可同时与之签订自觉收集农药空瓶、空袋的协议,并纳入文明户创建的考核内容,可能条件下设置一定的奖励。三是结合社会主义新农村建设以及"城乡清洁工程",每村配备相当数量的保洁员,在负责一定区域内环境卫生的同时,定期捡拾丢弃在各处的农药包装废弃物并集中到指定场所,以便统一处理;同时承担对分管区域内农民随手丢弃农药包装废弃物现象和行为进行制止和管理的责任。

（7）提高农民素质。在我国广大农村,农民是使用农药和产生农药废弃物的主体。农药的不合理使用和农药包装废弃物的随意丢弃现象的出现,主要原因是部分农民的环保意识不强,对农药及其废弃物造成的危害认识不够。因此,需要不断加强对农民科学使用农药的技术培训,提高他们的科学用药水平和乱丢农药废弃物危害性的认识,实现农业的可持续发展。同时,要强化乡村精神文明建设,增强农民的环保意识、大局意识和长远意识。只有农民积极参与,才能实现农药废弃物的有效管理与再利用。

(8)尊重现实,把握趋势,全面、有序地开展农药包装回收。农药包装回收工作应当纳入农村生态文明的顶层设计之中,作为改善农村人居环境、治理农业面源污染、保障农产品质量安全等各项工作的重要抓手。遵循政府推动、企业责任、农民交回、多方参与、无害处理的原则,在全国开展。建议在《土壤污染防治法》的制定和《农药管理条例》的修订中明确农药企业回收包装的主体责任。将包装回收作为市场准入条件,农药企业可以自建回收体系,也可以向其他农药企业或第三方购买包装回收服务。

农药包装废弃物处理是一个系统工程,它涉及农药生产和经营企业,更涉及广大农村的千家万户。世界各国的农业生产实践证明,要保证农业的安全生产和粮食供应,农药必不可少。农药小包装受欢迎的现象使得农药包装废弃物的产生量也会随之增多。当前,食品安全已经成为中国政府和公众普遍关注的民生问题,农业面源污染正在成为农业环境治理的重点领域,农药废弃物的管理也逐渐引起政府和公众的重视。我们相信,随着科学技术的发展和人们环保意识的增强,科学使用农药、规范管理农药包装废弃物也将成为改善农村生态环境、建设生态文明、推进农村经济社会可持续发展的重要举措。

第十一章　农药运输与流通管理

第一节　农药的运输管理

一、农药运输的管理政策

多年来,我国农药运输是以《危险货物品名表》国家标准为执行依据进行管理的。《危险货物品名表》对确保危险货物的运输安全起了重要作用,但对农药运输的要求仍不尽完善,主要是因为该名表不分危险性大小和毒性高低,在运输过程中对全部农药产品一律按危险货物的要求进行管理。此管理模式与国际组织对农药产品的管理要求不尽一致,不能完全满足我国农业生产的实际需要。

交通运输部、农业部、公安部、国家安监总局于 2009 年联合发布了《关于农药运输的通知》(交水发〔2009〕162 号)。该通知解决了农药行业反映强烈的农药运输难的问题,确保了农药运输的及时畅通,不仅有利于农民及时用药和农业增产增收,而且减轻了农药生产经营单位的负担。

1.《关于农药运输的通知》的主要内容

此次四部门联合发布的《关于农药运输的通知》,是参照联合国《关于危险货物运输的建设书　规章范本》推荐的国际通用豁免规则,补充和修正了《危险货物品名表》国家标准,明确了为解决农药运输存在的有关现实问题而采取的行政管理措施。

（1）明确把不属于危险货物的农药,按普通货物运输管理。这部分农药约占我国已登记农药品种的74%。考虑到划分农药危险性标准的权威性、准确性和可操作性,该通知把危险货物有关标准和农药登记的分级标准有机融合,明确不属于危险货物的农药主要是农药登记的低毒、微毒产品。

（2）参照联合国《关于危险货物运输的建议书　规章范本》推荐的有限数量豁免规则,把农药登记属于中等毒性的农药按照限量规则的要求,其内包装所装农药在5 kg或5 L以内,且每包件重量不超过30 kg的,也按普通货物运输管理。同时参照联合国《关于危险货物运输的建议书　规章范本》的惯例,在货运单和包件上标注相应的说明和标志。由于对这部分农药包装的限制数量仍在正常包装量范围内,不会给生产企业带来很大困难,对附加标志的要求也不会增加很多运输成本。符合限量豁免条件的中等毒农药约占农药产品总数的22.7%。

（3）对属于危险货物的高毒、剧毒农药和不符合限量要求的中等毒农药,仍按危险货物运输管理,意在确保农药运输的安全。

2. 发布实施《关于农药运输的通知》的重大意义

该通知的发布比较好地解决了农药运输安全和运输畅通问题,同时也为完善农药管理和危险货物运输管理,加强部门间的沟通与合作,更好地与国际规则接轨等方面积累了经验。

（1）不属于危险货物的农药和符合限量豁免条件、可以按普通货物运输的农药约占农药总数的 96.7%，只有 3.3% 的产品仍按危险货物运输管理。这将大大减轻企业运输成本，避免不必要的生产成本转嫁到农药使用者身上。

（2）明确了农药运输渠道，确保农药及时运到农民手里，对于防治病、虫、草、鼠害，保护农业生产，保证农民增收将发挥重要作用。

（3）明确对属于危险货物的农药运输，要按照《危险化学品安全管理条例》严格管理，对可以按普通货物运输的农药，在明确标识之后，按照通知规定进行管理，将能比较好地解决运输安全和运输畅通的矛盾。

（4）以前的《农药管理条例》没有运输管理的有关章节和条款，通过各部门的共同努力，现行版明确了有关运输的章节。《危险化学品安全管理条例》修改稿已吸收了对农药描述的修改意见，为从法规层面上彻底解决农药运输问题打下了基础。该通知对于修改《危险货物品名表》国家标准更是先行一步，积累了经验，并做了一定的具体内容和舆论的储备。该通知虽然是在借鉴国际管理模式并考虑我国国情的形式下各部门通力合作的结果，但农药运输的安全同样至关重要，各地的农药生产、运输企业要认真领会该通知精神，切实做好对该通知的学习，将该通知要求切实贯彻到日常的农药运输中去，保证农药的储运安全，为农业生产服务。

二、农药包装运输的危险性分类

近十几年来中国农药工业发展迅速，目前为止，我国农药企业有 4 000 多家，其中原药企业就有 700 多家，年总产量达 190 万吨，占全球农药总产量的一半；年出口量连续保持强劲增势，出口国家和地区达 150 多个。

农药普遍具有急性毒性、慢性毒性和环境危害性,部分液体农药还可能具有易燃性,在其包装运输过程中会对人类健康和环境产生很大的安全威胁。为了最大限度地减少农药危险性引起灾害性事故发生的可能性,国内外监管机构(如商检、交通、海事、航空运输、机场、港务等)都要求对农药的危险性进行正确分类,并用标签标识。

按农药剂型分类,农药可分原药、可湿性粉剂、水分散粒剂、悬浮剂、乳油、水剂等,按农药成分分为有效成分和辅料等。因此,农药的危险性与农药剂型以及辅料、溶剂等都有关,而不仅仅取决于农药的有效成分。如乳油,使用了不同的有机溶剂可能会导致易燃性不同,同时有机溶剂又可作为稀释剂,来降低产品的急性毒性,而导致毒性程度不同。因此不同农药甚至同一农药的不同型式、不同配方,其危险特性都具有较大差别。所以对农药进行危险性分类需要全面审查,综合分析各种资料、经验、数据,然后根据国际上的分类规则进行正确分类并用标签标识。危险性考虑不全面、危险性先后顺序不对、危险等级划分不正确、编号安排不妥当都可能导致分类结果不正确,使农药在其包装运输过程中对人类健康和环境危害的风险增大。基于以上原因,应从农药的危险性着手,依据联合国《关于危险货物运输的建议书　规章范本》,提出农药危险性分类的思路,并结合试验结果、文献资料、经验、已有数据,对典型农药样品进行分类,以供相关技术人员作为参考。

1. 急性毒性

农药中很多品种急性毒性较高,最常见引起急性中毒的农药为有机磷类、氨基甲酸酯类、拟除虫菊酯类、有机氯类、有机氟类、三嗪类、香豆素类等。此外,有机硫类、有机砷类、沙蚕毒素类、杀虫环、灭虫脲也具有较高的急性毒性。

2. 慢性毒性

大多数农药具有致畸、致癌、致突变的"三致"特性。如占我国农药使用量 70% 的杀虫剂中,大多具有"三致"作用。由于致畸作用直接危害后代健康,致癌、致突变作用的潜伏期长(达数十年以上),因此潜在毒性对人体健康造成的危害往往更大,且具有不可逆性。

此外,有的化学农药还是主要的环境激素,进入动物和人体内后会干扰内分泌,使生殖机能异常。在目前已查明"环境激素黑名单"的 67 种有机化合物中农药有 44 种,占 65.17%。

3. 环境危害性

比如农药进入水体后会对各类水生生物产生一定的影响,从而可能破坏水体生态系统的平衡。

4. 易燃性

农药的不同剂型中,乳油、油剂、油水分散粒剂可能会具有易燃性。以乳油为例,乳油是由不溶于水的原药、有机溶剂(如苯、二甲苯等)和乳化剂配制加工而成的透明状液体。一般有机溶剂的闪点都比较低,依据联合国《关于危险货物运输的建议书 规章范本》,如该液体的闭杯闪点不高于 60 ℃或开杯闪点不高于 65.6 ℃时为易燃液体。因此农药乳油中含有低闪点的有机溶剂,所以该类型的农药具有易燃性。 易燃性液体农药带来的潜在危害有火灾、爆炸等。

第二节　农药运输中的农药中毒与防护

目前,我国生产和使用的有机磷农药种类很多,此类农药可经皮肤、呼吸道及消化道进入体内,引起急性中毒,运输有机磷农药引起的亚急性中毒也时有发生。由于有机磷具有高度的脂溶性,故可经没有破损的皮肤侵入机体,并且对局部无刺激性,所以在全身症状出现以前局部吸收不易被察觉。因其吸收较缓慢,所以多为渐进型发病,呈亚急性中毒表现。临床表现也多不典型,很容易误诊。

所以,在农药的防护工作中,不仅要注重农药的保管、配置及喷洒三个环节,而且要注重运输,特别是人力运输这个环节。发现有包装不完整、渗漏、破裂的一定要用规定的材料重新包装后运输,并及时妥善处理被污染的地面、运输工具和包装材料。

运输农药人员要强化自我保健意识,了解农药中毒的症状,一旦觉察立即就诊,以免误诊误治。因为运输有机磷农药引起的中毒临床表现多不典型,患者对此缺乏警惕,提供病史时往往忽略,所以医务人员询问病史、体检时一定要详细、细心,并注意与食物中毒和脑血管意外等加以鉴别。在衣薄、易出汗的夏季尤其应注意更换衣服,清洗皮肤。

第十二章　农药生产经营者的法律责任

第一节　《农药管理条例》修订要点

近年来,随着国家管理政策的调整,农药行业发生了很大的变化,公众需求也由吃饱变为如何吃得安全健康。农药是重要的农业投入品,种植业领域 70% 的农产品质量安全事件都与农药相关,农药与农产品质量安全和生态环境安全息息相关。国务院公布修订后的《农药管理条例》(以下简称新《条例》),自 2017 年 6 月 1 日起施行。新《条例》赋予了农业部门全面履行农药登记、生产、经营、使用指导全过程的管理职责,这是具有里程碑的重大调整。新《条例》的颁布实施,对于加强农药统一管理,保障农产品质量安全和人畜安全,保护农业、林业生产和生态环境具有重要意义。

新《条例》的修订体现了以下特点。一是严格全过程管理。将原由多部门负责的农药管理职责统一划归农业部门,解决了重复审批、管理分散的问题。二是强化主体责任。明确农药生产、经营者对农药的安全和有效性负责,要求健全质量管理制度,及时召回有严重危害或较大风险的农药,同时,进一步明确了管理者的责任。三是提高违法成本。对无证生产经营、制售假冒伪劣农药等违法行为在原有处罚措施的基础上,通过提高罚款额度、列入"黑名单"等加大惩戒力度。

新《条例》在强化农药全程监管方面作了如下重大调整。一是严把准入关口,设立农药生产许可制度。新《条例》明确了农药生产企业应当具备的条件,并规定由省级农业部门核发农药生产许可证;加强可追溯管理,要求生产企业建立原材料进货记录制度;细化农药标签管理,标签内容必须合法合规,限制使用农药应标注"限制使用"字样,并将电子追溯信息码作为标签内容之一。二是规范农药经营行为,实行农药经营许可制度。新《条例》对经营人员素质、经营与储存条件提出了要求,明确实行农药经营许可制度,对高毒等限制使用农药实行定点经营制度;规范农药经营行为,要求农药经营者建立采购、销售台账,并保存2年以上;农药经营者不得加工、分装农药,不得在农药中添加物质。三是加强农药使用指导,推进农药零增长行动。新《条例》明确县级政府应制定并组织实施农药减量计划;农药使用者要遵守农药使用规定,不得使用禁用农药;农产品生产企业、统防统治组织和专业合作社应建立农药使用记录。

新《条例》采取了如下措施来打击农药行业的违法违规行为。一是明确主体责任。新《条例》规定农药生产企业、农药经营者应当对其生产、经营的农药的安全性、有效性负责并规范生产、经营行为。农药使用者应当遵守农药使用制度,严格按照标签规定使用农药,不得违规使用剧毒、高毒农药。二是强化执法手段。县级以上农业主管部门可依法进入生产、经营、使用场所实施现场检查;对生产、经营的农药实施抽查检测;查阅有关资料,查封或扣押违法生产、经营的农药、工具、设备和违法生产经营农药场所。三是加大处罚力度。对将剧毒、高毒农药用于蔬菜、瓜果等食用农产品的,规定了罚款等行政处罚,构成犯罪的依法追究刑事责任;规定被吊销农药登记证的, 5 年内不再受理其登记申请;无证生产经营以及被吊销许可证的,其直接负责的主管人员10 年内不得从事农药生产经营活动。

第二节　对生产经营假劣农药行为的刑事处罚

为加大对违法行为的处罚力度,新《条例》进一步严格了法律责任:明确农业部门及其工作人员有不依法履行监督管理职责等行为的,依法给予处分乃至追究刑事责任;对无证生产经营、生产经营假劣农药等违法行为,将没收违法所得、罚款、吊销许可证和相应的农药登记证,以及没收违法所得、违法生产的产品和用于违法生产的设备、原材料等,构成犯罪的,依法追究刑事责任;对将剧毒、高毒农药用于蔬菜、瓜果等食用农产品的,规定了罚款等处罚,构成犯罪的依法追究刑事责任;被吊销农药登记证的, 5 年内不再受理其农药登记申请;无证生产经营以及被吊销许可证的,其直接负责的主管人员 10 年内不得从事农药生产、经营活动等。

1. 假劣农药的认定

根据《农药管理条例》第四十四条规定:"有下列情形之一的,认定为假农药:

（一）以非农药冒充农药;

（二）以此种农药冒充他种农药;

（三）农药所含有效成分种类与农药的标签、说明书标注的有效成分不符。

禁用的农药，未依法取得农药登记证而生产、进口的农药，以及未附具标签的农药，按照假农药处理。"

《农药管理条例》第四十五条规定："有下列情形之一的，认定为劣质农药：

（一）不符合农药产品质量标准；

（二）混有导致药害等有害成分。

超过农药质量保证期的农药，按照劣质农药处理。"

2. 生产、经营假劣农药的处罚

新《条例》第五十二条规定："未取得农药生产许可证生产农药或生产假农药的，由县级以上地方人民政府农业主管部门责令停止生产，没收违法所得、违法生产的产品和用于违法生产的工具、设备、原材料等，违法生产的产品货值金额不足 1 万元的，并处 5 万元以上 10 万元以下罚款，货值金额 1 万元以上的，并处货值金额 10 倍以上 20 倍以下罚款，由发证机关吊销农药生产许可证和相应的农药登记证；构成犯罪的，依法追究刑事责任。"

"农药生产企业生产劣质农药的，由县级以上地方人民政府农业主管部门责令停止生产，没收违法所得、违法生产的产品和用于违法生产的工具、设备、原材料等，违法生产的产品货值金额不足 1 万元的，并处 1 万元以上 5 万元以下罚款，货值金额 1 万元以上的，并处货值金额 5 倍以上 10 倍以下罚款；情节严重的，由发证机关吊销农药生产许可证和相应的农药登记证；构成犯罪的，依法追究刑事责任。"

新《条例》第五十五条规定："农药经营者有下列行为之一的，由县级以上地方人民政府农业主管部门责令停止经营，没收违法所得、违法经营的农药和用于违法经营的工具、设备等，违法经营的农药货值金额不足 1 万元的，并处 5 000 元以上 5 万元以下罚款，货值金额 1 万元以

上的,并处货值金额 5 倍以上 10 倍以下罚款;构成犯罪的,依法追究刑事责任:

（一）违反本条例规定,未取得农药经营许可证经营农药;

（二）经营假农药;

（三）在农药中添加物质。

有前款第二项、第三项规定的行为,情节严重的,还应当由发证机关吊销农药经营许可证。

取得农药经营许可证的农药经营者不再符合规定条件继续经营农药的,由县级以上地方人民政府农业主管部门责令限期整改;逾期拒不整改或者整改后仍不符合规定条件的,由发证机关吊销农药经营许可证。"

新《条例》第五十六条规定:"农药经营者经营劣质农药的,由县级以上地方人民政府农业主管部门责令停止经营,没收违法所得、违法经营的农药和用于违法经营的工具、设备等,违法经营的农药货值金额不足 1 万元的,并处 2 000 元以上 2 万元以下罚款,货值金额 1 万元以上的,并处货值金额 2 倍以上 5 倍以下罚款;情节严重的,由发证机关吊销农药经营许可证;构成犯罪的,依法追究刑事责任。"

3. 生产、销售伪劣农药罪

《刑法》第一百四十七条规定:"【生产、销售伪劣农药、兽药、化肥、种子罪】生产假农药生产假农药、假兽药、假化肥,销售明知是假的或者失去使用效能的农药、兽药、化肥、种子,或者生产者、销售者以不合格的农药、兽药、化肥、种子冒充合格的农药、兽药、化肥、种子,使生产遭受较大损失的,处三年以下有期徒刑或者拘役,并处或者单处销售金额百分之五十以上二倍以下罚金;使生产遭受重大损失的,处三年以上七年以下有期徒刑,并处销售金额百分之五十以上二倍以下罚金;使生产遭受特别重大损失的,处七年以上有期徒刑或者无期徒刑,并处销售金额百分之五十以上二倍以下罚金或者没收财产。"

最高人民法院、最高人民检察院《关于办理生产、销售伪劣商品刑事案件具体应用法律若干问题的解释》(法释〔2001〕10 号)规定:"生产、销售伪劣农药兽药、化肥、种子罪中'使生产遭受较大损失',一般以二万元为起点;'重大损失',一般以十万元为起点;'特别重大损失',一般以五十万元为起点。"

4.生产、销售伪劣产品罪

《刑法》第一百四十条规定:"生产者、销售者在产品中掺杂、掺假,以假充真,以次充好或者以不合格产品冒充合格产品,销售金额五万元以上不满二十万元的,处二年以下有期徒刑或者拘役,并处或者单处销售金额百分之五十以上二倍以下罚金;销售金额二十万元以上不满五十万元的,处二年以上七年以下有期徒刑,并处销售金额百分之五十以上二倍以下罚金;销售金额五十万元以上不满二百万元的,处七年以上有期徒刑,并处销售金额百分之五十以上二倍以下罚金;销售金额二百万元以上的,处十五年有期徒刑或者无期徒刑,并处销售金额百分之五十以上二倍以下罚金或者没收财产。"

最高人民法院、最高人民检察院《关于办理生产、销售伪劣商品刑事案件具体应用法律若干问题的解释》(法释〔2001〕10 号)第二条规定:"刑法第一百四十条、第一百四十九条规定的'销售金额',是指生产者、销售者出售伪劣产品后所得和应得的全部违法收入。"

第十三章 农药发展与展望

第一节 我国农药产业发展方向

农药是重要的农业生产资料,对防治有害生物,应对爆发性病虫灾害,保障农业生产安全具有十分重要的作用,同时农药直接影响国家粮食安全、农产品质量安全和人民身体健康。因此,应将农药作为特殊商品实行严格管理,而不是按照一般工业产品管理,高效、安全、经济、环保农药应成为我国农药发展的方向。

(1)高效。农药的基本功能是防治病虫害。一种农药能否对靶标生物发挥切实有效的防治作用,是农药研制与生产发展的基本要求,要做到在尽可能少的使用量下发挥更好的防治效果。农药的产品结构与性能要适应不同作物品种和种植技术的要求。

(2)安全。随着经济社会的发展,公众日益关注农产品质量安全问题,对农药产业发展也提出了更高的要求。农药不仅要高效,而且要低毒、低残留,农药使用后不危及农产品质量安全、人类生命健康和动植物安全。

(3)经济。我国农业生产比较效益低,农业生产方式分散,小规模经营为主体,农民收入低,购买力有限。因此,必须立足我国国情,充分考虑农民的经济承受能力,研发、生产经济实惠型农药。

（4）环保。从国际上看,高效、低毒、低污染和环境友好成为农药发展的趋势,高效、安全、低污染和环境相容型农药已经成为研发热点和农药剂型发展的主流。

第二节　我国农药产业发展政策措施

当前,我国农药产业发展处在转型期,也是战略机遇期,为此需要政府和有关部门实施积极的提升政策,加快推动农药科技进步和自主创新,做大做强我国农药企业,促进农药企业上水平、上台阶、上档次。

1. 实施扶持政策

国家要把增强企业自主创新能力作为提升农药产业发展水平的战略目标和扶持重点,加大对农药科技创新的投入,加强产学研相结合的农药技术创新体系建设,大力支持新农药的创制开发;支持经济附加值高、农民增收潜力大的小作物使用的药剂筛选和配套防治措施研究;鼓励开发、推广先进适用的农药清洁生产工艺和三废处理技术,对生产创新产品的企业给予税收优惠;实施出口担保信贷优惠政策,提高农药特别是制剂产品、具有独立知识产权产品的出口退税率。有关部门要制定农业发展规划,根据农业发展和农产品种植需求,明确产品发展方向,确立重点扶持产品和企业。

2. 健全体制机制

创新农药经营体制,推进农药连锁经营和企业直销模式。在现有多部门管理体制难以改变的前提下,要通过建立部门沟通合作机制、信息共享机制、执法协作机制等,克服体制不顺产生的弊病,为农药行业发展提供良好的服务平台。建议建立农药管理的部级联席会议制度，统一目标、统一政策、统一措施，协调农药登记、生产、经营管理措施，提高管理效率和效果；及时沟通、公布有关信息，保障相关部门决策科学化、合理化，引导企业合理生产，促进农药行业健康发展。

3. 调整支持措施

为鼓励农药生产企业发展，应修改现行登记证政策，允许登记证作变更登记，鼓励企业兼并重组和集团化发展，允许子公司、分公司不再重新登记。

有关部门要支持农药企业开拓国外市场，推动农药双边、多边贸易谈判和农药协定、条约的签订，减少农药国际贸易风险；不断简化审批手续，提高审批效率，增强审批透明度，方便企业。

4. 强化法制保障

为进一步完善配套规章制度，可以考虑区分农药与卫生用农药、原药、新制剂制定不同的登记办法；要增强针对性、科学性、合理性、可行性，提高制度措施的透明度。当前法规制度建设要有利于农药企业做大做强，有利于保障农产品质量安全；实现法制服务于企业、企业服务于农民的宗旨和立法促进农药行业发展、农药行业支持农业发展的宗旨。不断加大农药执法力度，加大农药市场监管力度，严格查处坑农害农等违法行为，为农药行业发展创造良好的法制环境。

第三节　我国农药的发展趋势

1. 产品的低毒化

我国对高毒农药的管理越来越规范和严格。目前，高毒农药产品占我国农药登记产品的比重不足 3%，大量低毒、低残留的生物农药产品在蔬菜、水果生产中广泛应用。农业农村部针对生物农药的特性,应进一步加大对生物农药的登记政策扶植力度、优化审批程序,使更多的优质、高效、低毒农药可以尽快在农业生产中广泛使用。

2. 企业的规模化

近年来,农药企业的总数逐年减少,企业之间通过兼并重组、优势互补,初步形成了具有一定竞争优势的企业集团。2010 年农药企业较大的兼并重组有 10 多起,有 3 家农药企业成功上市,农药上市企业达到 35 家,销售额前十的农药企业的市场占有率逐年递增。一些企业生产设备的自动化和质量控制能力已经基本达到了欧美发达国家水平。

3. 经营的连锁化

2011 年,我国农药行业已有 34 万多经销户, 60 多万经营人员,农资连锁的企业超过 1 000 家,连锁店超过 30 000 个。农资连锁经营企业,通过统一店面、统一采购、统一技术服务、统一价格销售、统一管理等方式,提高了管理服务水平。

4. 产销用的一体化

农药经营企业与生产企业的关系,正在向以产品为纽带建立稳定的生产销售关系转变,农药经营者正在由单纯卖药向直接参与专业化防治转变,农药经营与专业化统防统治逐步形成更加紧密的有机结合。

5. 管理的信息化

农药登记电子评审系统的应用,实现了申报、审批、监督、查询一体化运行;农药电子标签系统的广泛使用,使农民、经销者可以通过网络系统在第一时间掌握农药的使用技术和关键点;农药进出口电子联网系统,实现了网上申办和电子联网通关。同时,农药企业纷纷引入电子生产控制系统,逐步实现从原材料采购、生产、销售到使用等全过程有效追踪和监控。

第四节　农药发展的综合措施

农民对农药的正确使用是关系农产品质量安全、消费者利益以及我国农产品国际竞争力的重要因素,也是保证我国农业持续稳定增长的一个重要因素。为此,农业农村部提出,要确保从源头上解决农产品的质量问题,特别要抓好生产环节上的质量问题。绝不允许有质量安全问题的农产品进入市场;要着力解决违禁物品进入农业生产环节,农药残留超标和激素类药物的残留问题。要努力实现主要农产品无公害生产,就必须十分重视我国农村农药的使用问题,并在今后的工作中采取一些有效措施,提高我国农民的安全用药整体水平,推进无公害食品行动计划的实施。

(1)加强农药安全合理使用的宣传力度,提高农民安全用药意识。各级农药管理部门和农业技术推广部门必须加大对科学、安全、合理使用农药的宣传力度,使农民认识到不科学用药的危害,从而提高农民自身的安全防护意识、环保意识和对社会、他人健康负责的意识。

(2)建立农药残留监控体系,加快农药残留标准制定速度。目前,农产品农药残留超标问题仍然比较严重,主要原因是我国尚未建立起一个覆盖全国的农药残留监控体系,同时农药残留检测标准制定工作远跟不上农药产品进入市场后对农药残留检测标准的需求。因此,我们要加快全国农药残留监控体系的建设和农产品中农药残留检测标准(检测方法、残留限量)制定的速度。

(3)加强宏观调控,调整农药产品结构。目前,我国农药产品结构不尽合理,高毒、高残留农药所占比重仍然较大。因此,农药管理部门应在农药的登记管理工作中,严格限制高毒、剧毒农药的登记和市场准入,通过宏观调控,鼓励开发、生产安全、高效、经济的农药,逐步取代高毒、高残留的农药产品。

（4）加大对国家禁用、限用农药的监管力度。对国家明令禁止生产和使用的农药,各级农药管理部门要加大市场检查力度,对非法生产和经销禁用、限用农药的单位要坚决取缔,严肃查处。